做事必须分清轻重缓急。最糟糕的是什么都做，但都只做一点点。这必将一事无成。

——德鲁克

只要你不计较得失，人生还有什么不能想法子克服？

——海明威

做事要学会选择，懂得放弃；做人要看轻名利，看淡得失。

ZUOSHI ZHONG XUANZE
ZUOREN QING DESHI

做事重选择 做人轻得失

做事漂亮，做人敞亮，交际豁亮！

文成蹊◎编著

中国纺织出版社

内 容 提 要

在现实生活中，许多事情都离不开选择，谁也不能例外。比如，大学毕业后是继续深造还是工作，打工还是自主创业，结婚还是不结婚……人们无时无刻不在面临着选择。选择对每个人来说都是非常重要的，选对了可能事半功倍，选错了可能就会白白浪费时间和精力。人们渴望在每件事情上都做出明智的选择，拥有最完美的结果，然而对于普通人来说，要想把所有的事情都做到尽善尽美并非易事，人们在获得成功的道路上，必然会经历一些失败。因此，人们在懂得做事智慧的同时，还需要掌握做人的哲学——放下得失心。本书将从有选择地做事和放下得失心两个方面进行阐述，旨在带给读者最为实用的为人处世的方法和智慧。

图书在版编目（CIP）数据

做事重选择 做人轻得失 / 文成蹊编著. — 北京：中国纺织出版社，2012.9

ISBN 978-7-5064-8414-5

Ⅰ. ①做… Ⅱ. ①文… Ⅲ. ①人生哲学—通俗读物 Ⅳ. ①B821-49

中国版本图书馆 CIP 数据核字（2012）第 045622 号

策划编辑：曲小月　王　慧　　责任编辑：王雷鸣
特约编辑：李　雪　　责任印制：储志伟

中国纺织出版社出版发行
地址：北京东直门南大街 6 号　邮政编码：100027
邮购电话：010—64168110　传真：010—64168231
http://www.c-textilep.com
E-mail:faxing@c-textilep.com
北京中振源印务有限公司印刷　各地新华书店经销
2012 年 9 月第 1 版第 1 次印刷　2017 年 4 月第 2 次印刷
开本：710×1000　1/16　印张：17
字数：156 千字　定价：29.80 元

前言

PREFACE

人生有得必有失，有失必有得。

得失之间最高超的智慧便是看轻得失。生活本来就是一个不断得到又不断失去的过程，得也好，失也罢，都不过是一时的状态，没有什么是永恒不变的。所以说，做人不必得失心太重。对于已经得到的东西不必抓得太紧，因为这些东西可能会像手里的流沙，抓得越紧，失去得越快；对于已经失去的东西也不必耿耿于怀，因为今日失去并不意味着明日不会重新得到，要相信“天生我材必有用，千金散尽还复来”，是你的早晚都是你的，不是你的求也求不来。

在现实工作生活中，该做决策的时候，就要果断选择，因为“机不可失，失不再来”；在面对个人得失的时候，该舍弃某些不重要的东西的时候，就要敢于舍弃，因为只有这样才能得到更为重要的东西。比如，当事业成功和家庭幸福发生冲突的时候，你要明白名利不过是身外之物，即使失去了也没什么大不了的，而家人则是最重要的，家庭幸福不能失去，所以这时候使事业为家庭让路才是明智的选择。再比如，当财富和健康发生冲突的时候，你要明白财富生不带来死不带走，失去了还可以再赚，而自己的健康一旦失去就很难再找回来了，所以这时候使财富为健康让路才是明智之举。

那些过分在意个人得失的人是最愚蠢的，他们在追名逐利间疲于奔命，以为自己是奔着幸福而去的，殊不知最后名利到手了，表面上成功了，反而失去了自己最重要的东西，比如健康、快乐、家庭幸福等。他们分不清人生中的轻重缓急，所以一而再再而三地做错选择。等到意识到自己的错误时，很多事情已经无法挽回了。因此，做事要懂得选择的智慧，做人则要懂得看轻得失的哲学。

编著者

2012年8月

目录

CONTENTS

上篇　做事重选择

第一章　做事要懂得选择的智慧

第二章　选择比单纯努力更重要

第三章　选择不同，命运不同

第四章　选择好思路，找到好出路

第五章　放弃有时也是一种明智的选择

下篇 做人轻得失

第六章 得失心不能太重

第七章 人生有所失，才能有所得

第八章 淡泊以明志，宁静以致远

上篇　做事重选择

第一章
做事要懂得选择的智慧

一个人无法选择自己的出身，但是可以选择自己的命运。而选择的正确与否，则能直接决定一个人的命运。正确的选择能够使人获得成功、幸福，错误的选择则会让人陷入失败、痛苦之中。因此，我们无论做什么事情，都要懂得选择的智慧。

那么如何选择才算是智慧之选呢？首先，要懂得主动出击，只有将选择和行动的主动权把握在自己手里，才能稳操胜券；其次，要懂得凡事早作准备，机遇更青睐那些有准备的人，成功亦然……

人生何处不选择

现实生活中，选择无处不在。一个人从一出生开始，就面临着各种各样的选择。从上大学、结婚、生子等人生大事，到每天几点起床、早饭吃油条还是包子等人生小事，都离不开选择。人生就是一个不断选择和被选择的过程，选择就是一场智谋的挑战，人生成功、幸福的关键就在于自己所做出的选择。人生处处都存在选择。没有选择，我们就无法找到前进的目标；没有选择，我们就不会有正确的方向；没有选择，我们就不会找到通往成功和幸福的道路。

既然是选择，那么必然会有得有失。在鱼和熊掌无法兼得的情况下，选择熊掌就意味着会失去鱼，而选择鱼则意味着失去熊掌，而这所表现的就是选择的利弊。当一个人面临多个机遇或可能的情况时就会出现选择。比如，大学毕业后，是继续读研究生，还是参加工作，这就叫做选择。如果没有考上研究生，只有工作一条道路可走，这时候就不存在选择。也许有人会说：“我既不选择鱼，也不选择熊掌，我不做选择。”实际上，不选择也是一种选择，只不过是把选择的主动权从自己的手中交给了其他不可确定的因素，而这必然会存在一定的风险。因此，对于我们来说，积极选择还是很有必要的。无论何时何地，将主动权掌握在自己手里，总会更有把握。

选择对于每个人来说都是至关重要的。选择对了，一个人的潜力能够在更好的条件下得到充分地挖掘和发挥；选择错了，则会将自己带入一个恶劣的环境之中，进而限制自己的发展。人从呱呱坠地到行将就木，一辈子要经历无数大大小小的选择，不过能够改变人生的重要选择也就只有几次，比如升学、就业、结婚、生子、移民等，或许在做这些重要选择的时候，你还并不自知，而这些选择却关系到你的个人命运。

对于一个人来说，选择不仅关系到自身，还会影响到自身周围的社会关系、利益。在职场中，企业领导人的商业选择会直接影响公司的整体发展以及员工的利益，员工的职业操守选择也会影响公司的长远发展。在家庭关系中，家庭成员的每个重大选择都会对家庭造成影响，比如丈夫选择做某件事，妻子选择支持，那么这个家庭关系就是和谐的；反之，如果妻子对丈夫的选择持否定态度，那么这个家庭关系就很可能陷入争执、不和谐的状态。

选择对了，一切皆大欢喜；选择错了，就会出现问题。积极选择可以抢占先机，而被动选择则会丧失主动权。因此，每个人都应该充分依靠自己的智慧来积极选择，并力争做出正确的选择。当然，要想选择的又对又好，不仅需要完全了解选择的条件，清楚自身的优势和不足，还要依靠自身的知识储备、智慧才能以及决断能力。此外，无论做什么事情，做选择的时候都要切忌自以为是，拒绝良师益友的帮助。

人生处处是选择。既然选择如此重要，那么我们就要学会做选择。总的来说，在做选择时候，我们要掌握以下几个重要原则。

第一，机遇只偏爱那些有准备的人。要想做出正确的选择，除了三分天注定之外，剩下的七分要靠人自身的积累。一个成功的选择并不是凭空就能做到的，它需要我们在生活中不断总结经验、教训，不断完善自我。自身条件的积累足够了，才有机会选择好的机遇。

第二，了解自己，完善自己。做任何事情之前，都要充分了解自己。只有了解自己的人，才能做出最适合自己的选择。比如，你想有一个什么样的事业，或者想要实现一个什么样的目标，只有确定了这个大方向之后，才能选择最合适自己的平台，选择最能帮助自己的伙伴，选择最能助自己实现目标的机会等。当然，在做出选择之后，你还要学会根据事情的实际发展来适当调整自己的选择，而不是一旦选择了就一定要坚持到底，对于错误的选择要有果断放弃的勇气。

第三，坚持自己的主见，但也要适当听取他人的建议。人的一生之中，需要自己做选择的时候非常多，这就需要有自己的主见。与此同时，又不能忽略他人的建议，特别是良师益友的善意提醒和建议。

第四，勇于选择挑战，突破自己。在面对原地踏步和冒险挑战之间的选择时，要有舍弃安逸、选择挑战的勇气。人生的选择应该是一个不断攀登的过程，一个从低处到高处发展的过程，选择攀登高的阶梯固然会承担一定的风险，然而挑战往往和机遇并行，不选择有挑战性的发展路线，就不会有宏大的发展空间和好的发展机遇。因此，在做选择的时候，尤其是事关人生命运、事业发展等重大事情的时候，一定要勇于选择挑战，敢于突破自己。

第五，把握好前进和放弃之间的关系。国家间的战争中有进攻，也有后退防守，人生的战场上也是如此。一般来说，勇敢地前进往往能够取得不俗的成绩，但由于客观条件和自身条件的不足，有时候选择放弃才是最明智的选择。人生有失才有得，有时候只有退一步才能赢得海阔天空。选择放弃不是认输，退避三舍是为了今后更好的进攻。正确把握前进和放弃之间的关系，懂得在必要的时候选择放弃，这是做事之前必须要学会的重要智慧。

第六，把握好人生中的重大选择。人生中大大小小的选择有无数个，每个选择都会给人带来影响，尤其是那些重大的选择，更是会成为人生的转折点。人生中的重大选择一旦选错了，有些就再也不能修正了，有些即使可以重新选择，也会给人造成很大的消极影响。俗话说："男怕入错行，女怕嫁错郎。"事业和婚姻是人生中的两件大事，选错了工作和伴侣，即使可以更改，也无法弥补之前错误选择所造成的损失和伤害。所以，每一次选择都应该积极、认真地对待，人生不能重来，选择重来的代价是巨大的。

第七，自己选择的路，再难也要坚持走下去。很多人都有"吃着碗里的看着锅里的"、"这山望着那山高"的毛病，选择之后依旧三心二意，这是选择中的大忌。面对选择，果断选出自己认为对的道路很重要，而坚定执行自己的选择则更加重要。

第八，回顾自己过去的选择，及时调整自己的选择。对于已经做出的选择要定期回顾一下，总结一下过去的经验、教训，然后根据当前的情况，适当调整自己的选择。年轻时做出的选择难免带有冲动和盲目的因素，等到年龄渐长、社会阅历丰富之后，回顾过去的选择，遇到不当之处要及时修正，这对于一个人今后的道路是非常重要的。

总而言之，人生就是一个不断选择的过程。重视选择，学会选择，对每个人来说都至关重要。无论做任何事情，知道如何选择、懂得放弃，成功和幸福才会与你相伴。

谨慎选择才能稳重做事

人生是一门选择的艺术，任何事情都离不开选择。正确的选择能够让人们获得成功、幸福的生活；反之，错误的选择则会将人们带进失败、痛苦的境地。生活中有很多事情需要自己做选择，面对每一次选择，我们都应该深思熟虑，慎重选择。唯有这样，才能够稳重做事，不出错。

古希腊著名哲学家苏格拉底的三位学生向他求教，如何才能找到适合自己的理想伴侣。苏格拉底并没有直接给他们答案，而是将他们带到麦田边上，要求他们每个人都沿着田埂的直线往前走，不准回头，每个人仅有一次机会来挑选一穗最大最好的麦穗。

第一个学生刚走几步就发现了一穗让他满意的大麦穗，并快乐地摘了下来，但当他继续往前走的时候，发现前面有很多麦穗都比自己手里的好得多，由于没有机会了，他只能满心遗憾的拿着手里不甚满意的麦穗走完全程。

第二个学生吸取第一个学生的教训，每当他看到饱满的大麦穗而想要摘下的时候，他就提醒自己："后面也许还有比这个好很多的呢，不要急。"结果，快走完全程的时候，才发现好机会全错过了，最终只得随便摘了一个小麦穗将就了。

第三个学生吸取了前两个人的教训，他在走到路程将近三分之一的时候，就把之前看到的麦穗分成大、中、小三大类，继续走中间的三分之一路程的时候验证自己的总结是否正确，等到他走最后三分之一路程的时候，他从大类中选择了一穗饱满漂亮的麦穗。虽然，这一穗麦穗也并不一定是麦田里所有麦穗中最大、最饱满的，但是他很满意自己的选择。

在现实生活中，有的人很早就恋爱结婚，等到自己逐渐成熟之后才发现自己选择的伴侣并不如意，但是因为已经结婚了，为了责任只好拒绝后来遇到的心仪对象，遗憾地走完一生；有的人则抱着试试看的态度，这山望着那山高，见异思迁，最后错过了很多好的对象，只能在年老的时候随便找一个凑合过日子；而聪明的人在选择伴侣时往往会非常慎重，他们不会过早选择伴侣，而是等自己积累了足够多的阅历、见多识广之后，在心里形成一个择偶标准，之后遇到心仪的对象就会果断抓住机会，最终与之结成连理。

苏格拉底用选择麦穗的故事比喻选择人生伴侣，意味深远。在人生的路上，我们会遇到很多有可能成为自己终身伴侣的人，然而我们却总是不确定自己的选择，或左顾右盼，或仓促选择，殊不知一个不小心，选择错了人，一辈子的婚姻幸福就会与自己擦肩而过！

其实，不止在人生伴侣的选择上要谨慎，在很多事情的选择上都应该慎重考虑。人生好比一场长时间的博弈，瞬间的选择往往会决定一个人的人生方向，改变一个人的人生轨迹。我们在做决定的时候要把握好大局，站在长远发展的角度，做人生的整体规划和打算。否则，只顾眼前利益的话，就会把自己未来的路搞得坑坑洼洼，狭窄难走。今天的选择决定了明天的生活，现在的选择决定了未来的成败。一旦匆忙间做错了选择，将后患无穷。

有这样一个故事。

一位美国人、一位法国人及一位犹太人要在监狱待三年，监狱长允诺他们每人一个要求。美国人喜欢抽雪茄，监狱长给了他三箱雪茄。法国人喜欢浪漫的爱情，监狱长给了他一个美女。犹太人想要和外界联系，监狱长给了他一部电话。

三年后他们出狱，美国人嘴里、鼻子里插满了雪茄烟，他忘记要打火机了。法国人抱着一个孩子，美女手上拉着一个孩子，而美女肚子里还怀着个孩子。犹太人一人轻松地走出监狱门口，他激动地感谢监狱长对自己的照顾："太谢谢您了，这三年我每天靠电话和外界联系，不但没破产，生意还增长了两倍。您要是喜欢劳斯莱斯的话，我送您一辆。"

犹太人之所以成功，是因为他在选择之前经过了慎重的考虑。他明白，只要保持自己的财富，那么自己出狱之后想要什么便可以有什么，美女和雪茄都不在话下。美国人和法国人贪图一时的享受，草率做出了选择，殊不知这个错误耽误了他们的一生。

如果贝聿铭听从父亲的话读金融学，而不是建筑学，那么他不会成为世界闻名的建筑师；如果鲁迅继续学医，不弃医从文，那么他不会成为文学大师；如果莫扎特不选择学习音乐，那么他不会成为世界闻名的音乐大师；如果竺可桢不选择学习气象学，那么他不会成为我国最著名的气象学家；如果霍金不选择学习天文物理，那么他也不会

写出《时间简史》这部世界名著。或许只是昨天一个不经意的选择，却会在今天带领你踏上人生的新台阶。可见，在选择的时候，慎重考虑是多么重要的!

在人生的道路上，每个人都渴望事事顺利，都渴望获得成功。而想要获得成功，你就必须为了成功这个目标矢志不移地去努力，你就必须克服一切艰难险阻，找到一切通往成功的途径，然后选择它并亲自去实践。

每个人成功的道路都有很多，但不管哪条路，都需要你自己去选择，需要你自己做决定。抛开背景和天赋不谈，至少上天给每个人的时间都是相同的。将你的时间和精力用在关键点上，凡事谨而慎之，三思而后行，做出最适合自己的决定，才能一步步走向成功。现在你做了什么，就决定了你未来做什么或者不做什么。如果想要自己的人生更有价值，也许你就要思考一下现在自己要做什么。

无法选择出身，但可以选择命运

大家经常听到有人抱怨说：“现在是一个拼爹的时代，没有优越的家庭背景，再奋斗也是枉然。”有一个优越的家庭环境固然能够让一个人拥有更好的发展平台，但是舞台再大，如果自己没本事，照样会一事无成。同样的，贫寒的家境虽然不能给一个人提供好的发展平台，不能给予有力的支持，但是只要努力奋斗，照样可以靠自己的本事打造一个属于自己的天下。父母给予了你生命，你就要怀着感恩的心去热爱生活。有一句话说得好：“虽然无法选择自己的出身，但是你却可以选择自己今后的命运。”

倘若你出身贫寒，并且甘于这种生活，没有脱离贫困的强烈愿望，那么你的一生就注定与富足无缘。有位哲学家说过这样一句话：“多数人并不是因为贫穷而被奴役，而是因被奴役而贫穷。”先天条件虽然能够影响你的起点，但是后天的努力才是决定人生终点的关键因素。

尤利乌斯·马吉出生在苏黎世郊区的一个贫困农家，异常窘迫的家境让他还没有读完初中，便开始了艰难的打工人生。但是，经过了很多年，他唯一的特长还只是像父亲那样磨面粉。父亲曾悲哀地对他说："你这辈子就是磨面粉的命了。"马吉不甘心地说："不，我不会一辈子迈着沉重的步子，像驴子一样一圈一圈地推磨。"

父亲撒手而去时，留给他唯一的遗产便是那两扇简单的磨盘。望着那两扇默默无言的磨盘，不服输的马吉思索着走出窘境的途径。马吉想起曾经从朋友舒勒医生那里得知——干蔬菜不会损失营养成分。于是，他想若将干蔬菜和豆类放在一起磨，一定会磨出富有营养的汤料。这样一来，家庭主妇们熬汤就会更快速、方便，而这样的汤料一定会受到主妇们的欢迎。

说做就做，很快他就借钱购置了设备，开始磨制自己研究的汤料——这也是最早的速溶汤料。和预期一样，产品投放市场后，大受主妇们的欢迎。初试成功以后，马吉还是继续盯着他的那两扇磨盘，思索着接下来该磨出什么样的新产品。经过反复的试验，他终于在1890年磨出了可以改变沙司、凉菜、鱼肉、汤以及配菜味道的万能调味粉。再后来，他又磨出了广为畅销的浓缩肉食品。到1901年，他已经身家过亿，是一家大型跨国公司的老板了。

在苏黎世大学举办的一次演讲中，马吉自豪地告诉人们："即使命运只赠给我简单的磨盘，希望也会给予我信心、智慧及执著，让我磨出亮丽的人生。"

尤利乌斯·马吉的出身可谓贫寒，但是他并不认命，而是积极寻求改变自己命运的途径。我们谁都无法选择自己出生在怎样的家庭，有怎样的父母，但是我们却可以选择自己今后的道路。或许你现在一贫如洗，或许你现在颇不得志，那又有什么关系呢？你只需要记住一句话：出身无法选择，但命运却是可以选择的。就像马吉说的那样，只要自己有信心，即使命运只赠给了我们两扇磨盘，我们也一样可以磨出自己的灿烂人生。

在现实生活中，有些人确实很得命运的青睐，他们含着“金汤匙”出生，从出生开始就衣食无忧，过着锦衣玉食的生活。但是，大多数人却并没有那么幸运，他们出身平民家庭，甚至出身于贫苦的家庭中。对于这些人，要想成就一番事业，更要依赖于自己的努力。因为，他们无法选择自己的出身，唯一可以选择的是通过自己的努力改变自己的命运。

迈克尔有8个兄弟姐妹，他的父亲是加利福尼亚州的一个黑人雇农。迈克尔4岁半的时候就开始工作了，8岁时就学会了赶骡子。这些实在没有什么稀奇的，因为雇农的孩子大多在年幼时就必须工作，对于这种生活方式，他们认为是命运的安排，因此也往往甘于贫穷。比别人幸运的是，迈克尔有一位非常了不起的母亲，她始终相信一家人应该过着快乐且衣食无忧的生活。所以，她常常把儿子抱在膝盖上，向儿子诉说自己的梦想。

“我的孩子，我们不应该这么穷。”她常常这么说，“贫穷不是上帝的旨意。我们之所以贫穷是因为爸爸从来不想追求富裕的生活。家里的每一个人都胸无大志。”母亲的话深深地植根于迈克尔的心中，这成了他一生追求卓越的动力，而母亲的话最终也改变了他的一生。

被母亲的话所感召的迈克尔一心向往跻身于富人的行列，于是在追求财富的路上，他从不懈怠。终于，他凭借着自己出色的推销工作有了一些积蓄。10年后，他听说为自己供货的那家公司即将被拍卖，底价为15万美元，他毫不犹豫地去同供货的公司商谈收购事宜。他用自己的全部积蓄——2.5万美元作为定金，并答应在一周内筹足剩下的12.5万美元。合同中还规定，如果逾期未补齐余款，定金则将被没收。

迈克尔想尽一切办法，调动一切关系来筹钱，可是到了最后一晚，依然还差1万美元。迈克尔觉得自己已经想尽一切办法了。时间也不早了，在一片漆黑的房间里，迈克尔跪下来祈祷，请求上帝指引。“谁能在时限内借我1万美元呢？”迈克尔在心里反复地问自己。他把周围的人又都想了一遍，却还是想不出来还有谁能够帮助他。

时间一分一秒地流逝，万般无奈的迈克尔毫无放弃之意，他决定最后一搏。于是，他走出房间，开车沿着第61街走下去，看看有没有机会。当时是深夜11点半，迈克尔沿着第61街慢慢往下走。过了好几个路口，都是漆黑一片。他继续往前走，终于就在快要走到尽头时，他看到一家承包商的办公室里还有灯光。

这时迈克尔飞速下车，心中充满了欣喜，他走了进去。他看到那位承包商正在埋头办公，由于熬夜加班，承包商已经疲惫不堪。迈克尔跟这个承包商有些交往，于是就鼓起勇气说：“先生，你想不想赚1000美元？”问话直截了当。得到的回答也直截了当：“想，当然想。”“那就借我1万美元，我会外加1000美元红利还给你。”迈克尔向那位承包商详细说明了自己整个的投资计划，并告诉他还有哪些人借钱给自己。

由于迈克尔做推销员的时候有着良好的信誉，再加上他周密、切实可行的发展计划，这位承包商很爽快地把1万美元借给了迈克尔。后来，迈克尔成功了，他不但从接手的公司获得了可观的利润，而且又陆续收购了几家公司，其中包括化妆品公司、食品公司、服装公司及报社等。

虽然出生在贫困的黑人雇农家庭，但迈克尔并没有认命。他用自己的实际行动实现了改变命运的誓言，实现了自己的财富梦想。的确，人不应该坐在那里等待好运的到来，而是应该身体力行，朝着现实可行的目标努力，因为只有这样梦想才能成真。

正如迈克尔的母亲所言，世上贫穷的人比比皆是，他们贫穷并不是因为别的，很大程度上是因为他们没有摆脱贫穷、走向富有的梦想。所以，不要一面埋怨自己贫穷，另一面却安于现状，只有时时鞭策自己："我想富有，我要改变命运！"唯有如此，你才能真正摆脱贫穷。

如果你还认为自己之所以无法成功，是因为没有显赫的家世，没有有钱的父母，没有有权的亲戚，因此便不再努力，那就大错特错了。你的确无法选择自己的出身，但却可以选择自己未来的命运。富兰克林说过，"贫穷本身并不可怕，可怕的是自己以为命中注定贫穷或一定老死于贫穷的思想。"不要再抱着"出身说"而埋怨上天的不公，而要从此刻开始用行动选择自己的命运。

成功也是可以选择的

哈佛大学曾经做过一个关于目标对人生影响的跟踪调查，对象是一群环境、智力、学历等方面的条件差不多的年轻人。调查结果显示：27%的人没有目标，60%的人有模糊的目标，10%的人有短期的清晰目标，3%的人有长远而清晰的人生目标。

25年后，哈佛大学再一次对原来那批人进行了调查，结果显示：27%的人对人生没有目标，他们生活得很糟糕，对自己和社会都充满了怨气，生活在社会的最底层；60%的人开始时有模糊的目标，但是在实现的过程中被各种困难或是问题扰乱后，都偏离了最初的目标，以至于25年后的他们早就忘了年轻时的理想和目标，他们的生活安稳而平凡，大多生活在社会的中下层；10%拥有短期目标的人，不断实现短期目标，过着比上不足比下有余的生活，这些人集中在社会的中上层；剩下的3%有确定的人生目标的人几乎都成了社会各界的精英，生活在社会上层。

由此可见，选择一个清晰而长远的目标是非常重要的。也可以说，目标的力量是强大的。清晰实际的目标有助于指导人们走向成功，而好高骛远或模糊、不切实际的目标则会让人们停滞不前，甚至倒退。

生活对那些有目标的人来说是美丽的，这些人的一生都在为某个目标而奋斗。目标是梦想的基石，为了实现梦想，你必须选对目标，并向着那个目标不断努力。但是，选择目标，并非是要你现实地对待某件事，也并非要你把它缩小，而是让你把目标更大、更清楚地设定出来。

约翰·高德从小便是一个敢于梦想、敢于挑战的人。

15岁时，他将他一生想要做的事，列在一张单子上，共有127个他希望达成的目标，其中包括探险尼罗河，攀登珠穆朗玛峰，研究苏丹的原始部落，5分钟跑完1英里，把《圣经》从头到尾读一遍，在海中潜水，用钢琴弹《月光曲》，读完《大英百科全书》，环游世界一周……

如今他已过中年，是目前世界上依然健在的最著名的探险家之一。他不仅已经完成127个目标中的105个，还完成了许多其他令人兴奋的事。

他还想访问完全球所有国家，全程探险中国的长江，到月球去访问等充满挑战的冒险。

目标有着巨大的威力，它能循序渐进地推动梦想的实现。每个人都像一艘小船，目标就像海上的灯塔，只有选择对了目标，并努力朝着正确的方向行驶，才能早日安全抵达目的地。成功并非一蹴而就，只有按照选好的目标，一步一个脚印地不断前行，才能接近成功。

选对目标很重要，坚守目标也很重要。正如哈佛大学所做的“测定目标对人生的影响”调查结果一样，生活中大多数人在年轻的时候曾有过模糊的目标，然而他们却未能清晰地确定自己的目标，以至于在现实中逐渐忘却了目标。

曾经有个老师给他的学生讲了这样一个故事：“在一个树林里，三只饥饿的猎狗将一只土拨鼠定为晚餐目标不停追赶，这只土拨鼠不得不逃到一个树洞里。而这个树洞就有一个出口，并且从树洞里跑出来个小猪，小猪看到猎狗后也被吓得疯跑。后来，小猪爬到另一棵树上藏了起来，但是因为紧张而没有坐稳，摔了下来，正好砸死了树下观望的三只猎狗。最后，小猪成功跑掉了。”

故事讲完之后，这个老师说：“学生们有什么疑问可以提出来。”

学生们说：“小猪跑不过猎狗，小猪不会爬树，还有一头小猪怎么可能一下砸死三只猎狗？”

然而，老师却说道：“你们都没问土拨鼠，土拨鼠去哪里了？”

学生们这才意识到因为小猪的出现，大家都忙着想这只小猪的问题，竟然忘了猎狗的晚餐目标是土拨鼠。土拨鼠从学生们的脑海里消失了。

的确，很多人都会犯上述故事中学生们所犯的错误，明明自己原本的目标是土拨鼠，结果却因为被小猪干扰，而忘记了。比如，在职场中就有这么一群人，他们嘴上刚说完要上网查工作资料，但是转眼就去看八卦或者是体育新闻去了，一个小时之后领导去问他资料是否查完了，他才梦中惊醒似的想到自己上网的原本目的。这些人往往对生活没有目标，即使有目标，也很少按照自己设定的目标安排自己的工作，他们的工作效率很低，常给人一种不踏实的感觉，成功也因此而离他们很远。有了目标，却不坚守目标，那么一切都将是徒劳的。

歌德说过，“生命里最重要的事情是要有个远大的目标，并且凭借才能与坚毅来达成它。”确实如此，世上最重要的事，不在于我们身在何处，而在于我们朝着什么方向走。虽然选择目标的方向并非易事，它甚至包含一些痛苦的自我考验。但无论付出什么样的努力，它都是值得的。成功者都不是空洞的梦想者，他们的梦想是由目标的珠子连接起来的，凭借着有目标的梦想使他们产生不满足，进而激励他们加倍地奋斗，最终达成他们的大目标——梦想。

在人生的道路之中，无论面对任何艰难险阻都不放弃自己人生目标，这样的人最终都能取得成功。反之，那些随便一些琐事都能吸引他的注意，使他偏离目标，这样的人则很难成功，甚至会经常陷入琐事中而无法脱身。偏离目标的后果非常严重，所以我们在做事的过程中要分清主次，不要理会那些无关的琐事，将自己的精力放在主要的事情上，朝着目标前进。

选择主动出击，占据优势

中国有一句俗话，“一等人，不用教；二等人，用言教；三等人，用棍教。”换句话说，那些能够选择主动去做应该做的事情的人才是优秀的人，也才是离成功最近的人。

马布里一开始只是一个什么也不是的穷小子，后来通过自己的努力成为了一家公司的总裁。他在分享自己的成功经历时说：“那段为了学费而四处主动找活干的日子让我获益良多。从中我获得了一种‘主动工作’的习惯性心态，于是我不管从事什么样的工作，都习惯性地去找事做。这不仅让我与众不同，也为我铺平了成功之路。”

的确，选择主动地比别人多做一点，其实是自动、自发地为自己争取最大进步的具体体现，是一种成功的潜质。“每天多做一点事”的工作心态将会使你与众不同。你的上司和客户都会因此而更加信赖你，从而给你更多的发展机会。

德尼斯初入公司时，只是一个毫不起眼的普通职员，是老板杜兰特根本不会注意到的角色，而现在他却是杜兰特先生最得力的助手，独立管理着一家分公司。这正是得益于他“每天多做一点事”的心态。

刚来公司工作时，德尼斯就发现，老板杜兰特每天会在公司工作到很晚。于是，他决定也留在公司里，即使没有人要求他这样做。他想如果自己留下来，至少可以为杜兰特先生查找需要的文件和打印资料，这些工作虽然简单却很浪费时间，如果自己做了这些工作，那么杜兰特先生就能处理更多重要的事情。此后，晚上在公司里工作的人就成了两个。

德尼斯虽然没有多获得一分钱的报酬，但他却获得了更多的机会，让老板杜兰特认识了他的能力，为自己的进一步发展创造了条件。

成功的机会往往青睐那些能够主动做事的人，然而很多人并未意识到这点，他们只是等待、再等待。事实上，每一个领导也都在寻找能够主动做事的人，也愿意给他们发展和成功的机会。

比尔·盖茨说过，“一个积极主动地去工作，主动地提高自身技能的员工才是一名合格的员工。”在职场中，很多员工习惯于听从安排，上级交代后才知道做什么。殊不知，这种一味等着安排的心态会让你失去职场生存能力。时下，企业需要的、老板要找的是那种不必老板交代就积极主动做事的员工，因为这样的员工能够为企业创造更多的财富，当然也能为自己开辟更广阔的发展空间。

这是一个竞争异常激烈的年代，生活如战场，主动才可以占据优势地位。所以要行动起来，随时随地把握机会，并展现超乎他人要求的做事表现，还要拥有“为了完成任务，必要时不惜打破常规”的智慧和判断力，只有这样才能赢得领导的信任，进而为自己创造出更为广阔的发展空间。

乔丹在他的自传中这样描述了自己与斯科特·皮蓬的区别：“皮蓬是球场上令人叹服的‘侵略者’，他的每次进攻都会让人们尖叫四起。而我也是一个主动进攻的‘侵略者’，我们之间的区别在于，他习惯于在自己被逼到无路可走的时候进攻，而我任何时候、任何位置都在寻找着发动进攻的机会，只要有机会，我就会进攻。”这就是最出色的NBA球员的感悟——何时何地都不要忘了主动。

总之，在现实生活中，无论做什么事情，我们都应该选择主动进攻，以占据有利优势。凡事不要一味等待，而要充分发挥自己的积极主动性；不要“守株待兔”地等待机会，而要去争取；不要坐以待毙，而要主动寻找突破口……唯有选择主动出击的人，才能做成大事。

选择早做准备，更容易获得成功

俗话说得好，“早起的鸟儿有虫吃。”无论做任何事情，我们都应该具有提前做好准备的心态。如果选择凡事都提前做好准备，我们就能比别人更快进入工作状态，更快适应环境，更快找到正确的道路，更快达到目标。俗话说：“笨鸟先飞早入林。”虽然我们未必就是“笨鸟”，但是也要“先飞”、也要“早起”，因为越早开始工作，我们获得机会的可能性就越大，获得成功的概率也就越大。

拿破仑·希尔说过，“自觉、自愿是一种极为可贵的美德，它驱使一个人更早、更主动地去做自己应该做的事情，而不是等到被吩咐以后。”

1993年，李一男进入著名的科技企业——华为公司。他就是一只“早起的鸟儿”，在工作中，他凡事都选择早做准备。比如，他总能够提前预测到自己所参与开发的技术项目中可能会遇到的难题，并早早的想好对策等，因此他总能为公司提出许多解决问题的方案和有利于公司发展的前瞻性建议。

正是因为这些特质，他在进入企业十几天后就被提为主任工程师，一年后即被任命为总工程师。27岁时，李一男被破格任命为副总裁，成为公司最年轻、最受倚重的副总裁。很显然，被老板青睐、被企业倚重的人往往就是像李一男这样的人。

早上的树林空荡荡的，几乎没有什么鸟儿，早起觅食的鸟儿特别容易被看到，也特别容易找到虫子。在职场中，提前做准备、勤劳实干的心态会为我们赢得领导的赏识，从而为自己争取到更多的发展机会。在现实生活中，选择凡事早做准备，不仅能够防患于未然，还能使事情进行得更加顺利。

机会只属于那些善于准备、跑在前面的人。前面的人把树上又大又红的果子都摘完了；后面的人不要说没有，即使有也只会是又青又涩的果子。换言之，只有凡事比别人提前一点，才能离成功更近一点。

某企业的一个技术主管岗位出缺，需要招人。于是，有很多人前来求职，经过几轮筛选有两人入围，他们在个人知识、技术及能力等方面都相差无几。正当公司为不知应该聘用谁而发愁时，其中一个人主动地给公司的人力资源部打了一个电话，并发了一封E-mail过来。

在信中，他详细表述了自己对岗位的向往以及自己是最合适人选的原因，此外，他还附上了自己在学校发表的论文、导师的推荐信及工作计划等。后来，这个人理所当然地得到了这份工作。

许多人总是抱怨自己怀才不遇、没有机会，然而当机会真正来临时，你是否能把握得住呢？在上述案例中，提前给企业打电话、发E-mail的人之所以获得成功正是因为他做好了准备，把握住了机会。

小谢大学毕业后在一家贸易公司工作，和许多应届毕业生一样都是临时职员。然而，不同的是小谢从踏进公司的那一刻就已经开始全力以赴地为自己的职业生涯做准备了。

为了能在以后的工作中更准确、更有效地采取行动，她对公司的发展目标、经营方针、组织结构、销售方式等进行了全面的了解学习；为了提高自己的职业能力，她积极主动地向同事们请教问题；此外，在完成自己本职工作的前提下，她还主动承担一些其他力所能及的事务；并且，她还按照正式员工的标准来要求自己，每天下班前都一定写好工作总结和第二天的工作计划。而其他那些和小谢一起来的实习生却都认为苦干是给领导看的，领导看不见就没有必要那么辛苦。

半年后的一天，由于临时变动，老板提前一天向办公室主任要香港会议上所用的资料。办公室主任虽然交代了手下的人准备，但是由于提前了一天，还没有准备好。老板一看是这样的情况，丢下一句“你自己想办法”就拂袖而去。

正当主任一筹莫展的时候，小谢拿出一份资料交给了他，说：“这是我准备的，您看一下能用不？”主任一看，这份资料既全面又详尽，比正式职员准备的有过之而无不及。老板拿到资料后颇为满意，就问：“这是谁准备的？”“一个临时职员，我看还非常全面。”主任连忙回答。几天后，老板从香港回来后，第一件要办的事就是给小谢转正。

在那么多临时工当中，为什么小谢是第一个转正的？这是因为，小谢在还未成为正式职员之前，就已经进入了正式职员的工作状态，凡事比别人早一步、快一些，选择了早做准备，自动自发地去工作。

而这正应了那句老话：“机遇只会光临那些有准备的人，而那些早做准备的人则是最先获得机遇的人。”

工作也好，生活琐事也罢，做事之前选择早做准备总是没错的。只有早做准备，才能防患于未然；只有早做准备，才能抢先拥有机会；只有早做准备，才能成为游刃于职场、生活的成功者。

第二章
选择比单纯努力更重要

在人们的传统观念中，好像只要努力了，就一定会获得成功，然而事实上却并非如此。在现实生活中，选择比努力更加重要。很多时候，一味的盲目努力不会带来预期的好结果，而只会徒劳无功，甚至还会因为选择错误而损失惨重。因此，与其盲目努力，不如选对方向和目标，这才是正确的做事方法。

无论做什么事情，选择错了，所有的努力都可能白费；只有选择对了，才会出现事半功倍的好效果。面对选择，还要有果断的勇气，因为只有果断决策，才不会错失良机。此外，选择一个好的习惯，也比单纯的努力做事要重要得多。

选择不对，努力白费

大家都听过这样一句话，“努力了就一定会有结果。”的确，努力了会有结果，但是却不一定是大家想要的好结果。人生的成败并不取决于努力的程度，而是取决于选择的正确与否。只有在关键时刻做出正确的选择，努力才可能会有好结果；否则，即使用尽浑身力气去奋斗，也是白费。

生活中，我们常看到加班加点工作的人，不管怎么努力都表现平庸，而那些看起来过得很清闲的人却成就非凡，这就是不同选择导致的不同结果。努力只有建立在正确的选择基础上，才会有成效，也才是有用功。选择比努力更加重要，一旦选择错了，所有的努力都可能前功尽弃。

有这样一个小故事。

从前，有个青年，从小就立志要出人头地，他做什么事情都很努力，然而多年来却始终碌碌无为，没有丝毫长进。对此，他很烦恼。后来，他听说山里住着一个智者，便去向智者求教。

智者把自己的三个弟子叫到跟前，对他们说：“你们三个带这位年轻的小施主到五里山去砍柴，每人都砍一担自己最满意的柴带回来。”遵照智者的吩咐，智者的三个弟子和青年沿着山下湍急的江水，一路疾走，直奔目的地——五里山。等到傍晚他们回来时，智者正在山脚下等着他们。

青年扛着两捆柴，累得气喘吁吁，步伐散乱；智者的大弟子和二弟子一前一后跟在青年身后，大弟子用扁担左右各挑着四捆柴走在前面，二弟子则一身轻松地走在后面；紧接着，江面上划过来一个竹筏，小弟子悠闲地坐在竹筏上，身旁是八捆柴。

青年和智者的三个弟子站在智者面前沉默不语，等待智者的指点。智者说：“怎么不说话？难道你们对自己的表现不满意吗？”

听到智者的问话，青年说：“大师，我希望你能再给我一次机会！原本一开始的时候我砍了六捆柴，但是扛到半路的时候实在扛不动了，只好扔了两捆柴；因为之前体力透支的太厉害了，没走多久我又坚持不住了，只好又扔了两捆；最后，我只把这两捆柴扛回来了。大师，我真的很努力了。”

“与这位小施主不同。”智者的大弟子说，“刚开始的时候，我和二师弟每个人都砍了两捆柴，我们把这四捆柴一前一后分别挂在扁担的两头，担着柴跟这位小施主走。我和二师弟轮换着挑扁担，累了就换人，觉得挺轻松的。后来，又把施主丢了的四捆柴也挑了回来。”

智者的小弟子接着说：“我长得个子小，也没什么力气，这么远的路，莫说是两捆柴，一捆我也扛不回来。因此，我选择了水路……”

智者对着自己的三个弟子笑着点点头，然后走到青年面前，拍了拍青年的肩膀，严肃地说：“年轻人，你想走自己的路，这没问题，但是关键在于你打算如何走；走自己的路让别人说去，也没有问题，但是关键在于你选择的路是否正确。很多时候，选择比努力重要得多，只有选择对了，努力才会有回报。”

正如智者所言，选择重于努力。选择对了努力才会有成效，否则，努力都会是徒劳无功的。

李雷是一位年薪百万的优秀营销员，然而却很少有人了解他做营销员之前的经历，他是中文系毕业的研究生，曾经做过老师。李雷在回忆自己过去的时候，如是说：“其实我是个很无趣的老师，虽然我很努力地工作，但是我并不喜欢自己的专业，也不喜欢教书，而我对教书的厌倦情绪也影响到了学生的情绪。后来，学校辞退了我，理由是我不能和学生沟通。刚被辞退的时候，我很愤懑，发誓一定要闯出一番事业来。后来，我找到了一份营销员的工作，并且做出了今天的成绩。”

假如李雷不被解聘，那么他就不可能去做营销员，更不会有如今这样斐然的成绩。努力很重要，但是选择一条正确的道路更加重要。对于李雷来说，教师就是一条错误的路，而为错误的事业所作的努力都是白费的；选择营销行业才是李雷的正确道路，再加上他自身的努力，有所作为也就自然而然了。

人们在年轻的时候做出一些错误的选择，这是再正常不过的了。选错了不可怕，怕的是明知道选错了，还要一条道跑到黑。如果在一些事情上付出了很多努力，却始终毫无成效，那么你就要思考自己是不是选择错了。如果你发现自己确实不适合做这些事，那么最明智的做法就是赶紧掉头，及时抽身，去寻找适合自己的道路。

世界著名物理学家牛顿年轻的时候，曾痴迷于永动机的研制，他为永动机的研制付出了很多的努力，却始终没有成效。后来，他明智地选择放弃永动机研制，将自己的精力转移到力学上面，这才做出了一番成就。坚持自己的选择是一种好习惯，但是坚持错误的选择就是愚蠢的表现了。

白龙马因为跟随唐僧去西天取经，因而成为名动天下的“大唐第一马”。白龙马的很多朋友问他成功的秘诀：“我们每天也都很努力地奔跑，为什么我们没有成功呢？”白龙马笑了笑说道：“因为我选择跟着唐僧走。”很多时候努力远不如选择重要，白龙马选择了唐僧，他的努力奔跑才使自己成为了一匹天下名马；而白龙马的朋友们则选择跟着平庸的主人，这样即使再努力奔走，也离成功很远。

总而言之，在人生中的重要时刻，每个人都应该充分发挥自己的聪明才智，做出最正确的选择。因为只有选择对了方向，努力才能带来成功。

盲目努力，不如选对目标和方向

人的一生有着许多的未知数，人永远不会知道明天将会发生些什么。于是，面对未知的明天出现了两种人，一种人说：“我要好好对待自己，要及时享乐，人一生就那么几十年，不要全部浪费了。”而另一种人则说：“我要向前看，不断追求，不断发展，在努力中得到快乐。”显然，与及时行乐的人生观相比，通过努力实现个人的人生价值要有意义的多。然而，努力就一定能够获得理想的结果吗？并非如此。一味盲目地努力不仅不会带来成功，还会使人陷入疲于奔命的痛苦之中；只有选择了正确的目标和方向，努力才会有效果。

选择人生的方向，树立前进的目标，朝着自己确定的目标和方向奋斗，最终实现目标，这个程序每个人都懂。但是，任何一个人奋斗的过程中都不可能一帆风顺，都会有许多艰难险阻。面对困难，选择努力突破当前的瓶颈有可能获得成功，但是很多时候选择转变方向也是一种明智的选择。

掷过飞镖的人都知道，要想把飞镖掷到中心，首先要选对方向，然后才是力道。如果你只是一味追求掷远，那就永远不会掷到中心。做事也是如此，盲目地努力只能是徒劳无功，只有选对了方向才能获得成功。

一位知名科学家曾做过一个著名的实验。他先在一只花盆的边缘摆放了一些毛毛虫，让它们首尾相接，围成一圈。与此同时，他又在离花盆几英寸以外的地方放了一些它们最爱吃的松针。由于毛毛虫天生就有跟随的习性，因此它们一只跟着一只，盲目地跟随着前面的毛毛虫，绕着花盆一圈一圈地爬行。这群毛毛虫就这样一小时、一天、两天地绕着圈子爬行，七天七夜后，这些毛毛虫都被饿死了。

科学家在做这个实验前曾经设想，毛毛虫应该很快就会停止这毫无意义的绕圈，转向旁边的食物。然而，由于它们没有选择正确的方向，即使食物近在咫尺，还是难逃饿死的命运。可见，找不到正确的目标和方向，是多么可怕！

一个人只有先明确了自己的目标和方向，并朝这个方向努力前进，最终才能走向成功。许多人之所以失败，并不是因为他缺乏勤奋、激情、雄心……而是因为他没有选对前进的目标和方向。一位智者曾说过：“一个人只有找到人生的方向，才不会迷失自己。”

林涛和王健是好朋友，两人都毕业于北京某知名高校，毕业后，因缘巧合，他们又同时进入了一家“世界五百强”企业工作。

林涛不知道自己到底擅长做什么，他觉得自己好像每个职位都能胜任，因此在公司里他就杂七杂八的什么都做。他心想：只要我努力工作，就一定会受到老板的重用。与林涛不同，王健知道自己擅长营销，于是刚一进公司他就要求做一名营销员，此后便天天在这个职位上奋斗。一年过后，林涛还是公司里的一个小职员，而王健已经当上了公司营销部的主管。

林涛问王健：“我们学历一样，又是同时到这家公司工作的，为什么你就当上了主管，而我却还只是一个小职员呢？”

王健回答说：“因为你没找到自己的方向，天天毫无目标的在公司里干活。而我知道自己的方向，我知道自己只有朝着营销这条路走，才能获得更好的发展前景。虽然，我们都很努力，但是你花费力气做的都是些无用功。”

人的一生之中有很多路可以走，到了该转弯的地方，我们就应该及时转弯，没必要与挫折硬碰硬。我们始终很敬佩那些坚持不懈的人，他们的拼搏精神使许多人热血沸腾。但若是一味地坚持、埋头苦干，而不去管方向是否正确，那么坚持到最后，得到的只会是失败。所以，我们苦干的前提是要先有一个正确的方向。

对于每个年轻人来说，要想有所作为，就必须要有属于自己的人生目标和方向。但是，要想找对目标和方向也是不容易的。生活本身就是一个不断探索的过程，在这个过程中难免会有遭遇失败的时候。可能是因为你学识不足、能力不够，也可能是因为你没有找到正确的目标。当然，经过这些失败和挫折，你才有可能正确认识到自己的目标。

有一个年轻人，走入社会后的第一份工作是厨师。因为他没有特长，也不知道自己还可以干些什么，所以他就把目标定为做一名好厨师。他先去酒楼工作，由于他会做的菜品种太少，被老板炒了鱿鱼，然后又找了家一般的饭店，还是不能胜任，又被开除了。但是，他并没放弃，自己在一所学校的门口开了家小吃店，然而过了一阵子，生意仍然冷清。

最后，这一系列的失败迫使他去参加了一个“创业”培训。与他一起学习的同学里有公司职员、理发师、工人等。在与同学们的交流中，他逐渐认识到自己不仅仅只会做饭，其他很多事情他也能做到得心应手。慢慢地，他放弃了自己原来的目标。

经过这个“创业”培训，他醒悟了，终于知道了自己到底能干些什么。最后，他选择了通信类方向。加入了IEEE协会后，他在一些著名杂志上发表了多篇论文。一些厂家根据他的论文制造出了更为先进的通信设备，而他也获得了成功。

一般来说，每个人在自己的人生道路上都会经历两到三次大转折，才能找到一个适合自己的目标。而确立自己的目标和方向，并为之努力、奋斗，则需要更多的时间。所以，经历一两次错误选择是正常的，不必沮丧灰心，只要吸取教训，重新选择适合自己的目标，也能够获得成功。

此外，在选择目标的时候要注意，一些远离现实的目标和方向，我们不必为之奋斗。比如，永动机永远不可能制成，人永远不可能把自己举起来。这些通过追求后依然不能得到的事物，是不值得我们为之付出的。还有一点要说明的就是，选择目标，不能随大流，不能让惯性思维夺走了我们的决心。如果制造一个玩具使你觉得很有成就感，那么这个目标就值得你去完成；推销一件产品使你觉得厌烦，那这个目标就不值得你去为之努力。这是为什么呢？因为，不能使你满足的目标会成为负担，尽管别人对此很有兴趣，那也对你不起丝毫作用。

一个人的生命是有限的，当然，一个人能实现的目标也是有限的。因此，如果像个没头的苍蝇一样盲目努力，只能白白浪费时间和青春；如果给自己盲目地树立多个目标或不切实际的目标，也必定会因无法兼顾或个人能力有限而难以实现。因此，人们在选择目标和方向时，要尽量伸展自己，为自己洗一次脑，只有精心制订出适合自己的目标，才能够将主要精力集中于一件事，进而将自己的能力发挥到极致。

选择对了，才能事半功倍

成功取决于一次次正确的选择，与埋头盲目努力关系并不大。我国古代圣贤都懂得“劳心者治人，劳力者治于人”的道理，这句话用在这里也很恰当，盲目努力的人大多是社会的追随者，而懂得用心选择的人则大多是社会的领航者。

著名成功学大师卡耐基曾经说过，“成功不是做你感兴趣做的事，而是做你应该去做的事。”一个人的综合素质再好，能力再超群，如果选错了发展平台，也无法发挥出他的潜能。在民间流行着一句俗语，“男怕选错行，女怕选错郎。”言外之意，再好的男人一旦选错行业，即使再努力也不可能有大的成就；再好的女人，一旦选错丈夫，即使再努力也不可能有幸福的生活。可见，选择是多么的重要。

一个选择，决定一个人的生活；一种生活，决定一个人的命运。做对了选择，在很多事情上就可以省心省力，得到满意的结果；做错了选择，不仅会多走弯路，还可能让过去的努力全都打了水漂。今天正确的选择可以让明天少些遗憾，今天错误的选择会让明天后悔不已，而今天的选择则直接决定了明天的生活。正如一位哲学家所说的那样：“命运不是取决于机遇，而是取决于选择。”

马友友是一位杰出的大提琴演奏家。1976年，他获得哈佛大学人类学学士学位，1991年哈佛授予他荣誉博士学位。

音乐世家出身的马友友从小就非常热爱音乐，并立志做一名出色的大提琴演奏家。他3岁开始练琴，5岁登台，7岁移民美国，定居美国后不久，便进入朱莉娅音乐学院专业学习音乐，师从著名大提琴家伦纳德·罗斯，并且成绩一直非常优秀。然而，在读了7年之后他突然跟家人宣布要从茉莉亚音乐学院退学，前往哈佛大学学习与大提琴“没一点关系”的人类学。此时，他已经小有名气。家里人和外界对他的这个决定感到非常意外和不解。

在与外界质疑者的对峙中，他始终坚信自己的选择，相信自己的决定。他如是说：“我突然感觉到要真正理解和表现音乐，我需要掌握些别的……”1976年，他获得哈佛大学人类学学士学位，时年20岁。毕业后，他没有像外界认为的一样转行从事人类学工作，而是重新拿起大提琴，致力于音乐的创新和发展。由于对人类学有着很深的了解，马友友对音乐的理解更加深入了，几年之后他成了世界上首屈一指的大提琴演奏大师。

马友友对自己的人生有一个长远而清晰的规划，这种大局观和长远眼光使得他做出了正确的选择。马友友深信文史哲、自然科学等学术与艺术之间是相通的，而只有了解了这些知识，才能更加完美地诠释音乐。事实证明，马友友的选择是正确的。假如马友友没有选择从茱莉亚音乐学院退学，进入哈佛大学学习人类学，那么可能他后来也不会对音乐有如此深刻的理解，更不会获得如今的巨大成就。

像马友友一样热爱音乐的人不在少数，努力研习大提琴的人也非常多，为什么只有马友友成功了呢？这就是选择的力量。马友友选择了通过学习更多的科学、人文知识来帮助自己理解音乐，所以他成为了世界上首屈一指的大提琴演奏大师。不管是在艺术方面也好，在其他方面也好，努力学习、工作固然重要，但是选择更加重要。选择对了，才能够更好地发挥自己的潜能，才能事半功倍，早日走向成功。

比尔盖茨·盖茨选择从哈佛大学退学，将精力全部投入到微软公司，所以他才会一度成为世界首富；史蒂夫·鲍尔默选择离开保洁公司，不去做他感兴趣的橄榄球教练，所以他才有机会成为微软的首席执行官，才会成为身价150亿美元的富豪；巴菲特选择进入自己感兴趣的资本市场，所以他才会成为世界闻名的“股神”，才会拥有富可敌国的财力……他们之所以成功都是因为在关键时刻做对了选择。

生活中，有些人希望自己工作快乐、顺利，但却总是选择自己不感兴趣的工作，即使很努力工作也始终表现平庸，这就是错误的选择。其实，他们完全可以换一份自己喜欢且又能够胜任的工作，而只有选对了工作，愿意投入到工作中，享受工作带来的乐趣，才能够有所成就。

有些人希望自己爱情甜蜜、婚姻美满，但却由于各种原因选择了自己不爱的人，即使他在这份感情里付出很多，也体会不到相爱的感觉，这也是错误的选择。其实，他完全可以选择一个与自己相爱的人，而只有选对了爱人，才能够拥有美满幸福的爱情和婚姻。

有些人希望自己身体健康，但是却总是找各种理由抽烟、喝酒，做有损健康的事，这就是他们错误的选择。健康并不是整日嚷嚷就能够得来的，也不是花钱买保健品就能够拥有的。俗话说得好，“腾不出时间休息的人总会腾出时间生病的。”要想保持健康，就要选择对的生活方式。

总之，无论做任何事情，只有不断做出正确的选择，才能得到理想的结果。选择可以决定事情的成败。选择对了，可以事半功倍；选择错了，就可能前功尽弃。所以说，每个人在做事之前都应该谨慎选择。

果断选择，才能让努力有成效

果断是人的重要品质，也是做事必不可缺的好习惯。只有果断选择，才能让自己有一个清晰的奋斗方向，也才能让自己的努力更有成效。俗话说得好，“当断则断，不断则乱。”很多时候，如果你不能当机立断，很可能会错失良机，甚至会让自己陷入低谷中而难以翻身。

犹豫不决是果断的天敌。然而，在现实生活中，却有很多人被犹豫不决的痼疾所困扰，他们无论做什么事，总是给自己留着一条退路，而绝无破釜沉舟的勇气。他们不明白把自己的全部心思贯注于目标，可以生出一种无所不催的自信，而这种自信能够破除犹豫不决的恶习，把因循守旧、苟且偷生等成功之敌统统赶跑。

在紧急情况下，任何一个合情合理的命令都要比没有命令好。情况就摆在那里，你要去面对它。行动起来，甚至错误的行动都比犹豫不决要好得多。思前想后不知如何是好，最终只会一事无成。另外，既然选择了行动方向，就要坚持不变，而不要摇摆不定。

美国作家罗吉尔·冯·奥赫在他的著作《创造学思想录》中摘录了这样一则寓言故事。

亚历山大大帝在攻占了小亚细亚地区的一座小镇之后，当地居民请他参观神话故事中皇帝的战车，这辆战车上有一个用皮带打成的结子，被称为“高尔丁死结”。据说这辆战车最早的主人曾留下这样的预言，“谁解开了‘高尔丁死结’，谁就会成为亚细亚之王。”然而，至今为止从没有人成功解开这个结子。

亚历山大大帝决定亲自试一试，他说：“我要创建属于我个人的解法法则。”随后，他不加考虑、毫不犹豫的抽出宝剑将“高尔丁死结”劈成两半。后来，亚历山大大帝真的成了亚细亚之王，而他解决问题时的果断精神一直被后人称道。

困难在很多时候就像那个看似解不开的结，而果断的决策就是那一柄利剑。面对困难和危险，我们往往是不能等待的，因为它们没有给优柔寡断留下等待的时间。果断地选择是最明智的决策。选择对了，就可以在正确的道路上努力，最终克服困难，实现目标；选择错了，可以及时调整选择，改变前进的方向，使自己免于继续在错误的道路上浪费时间。当断则断，总好过在犹豫不决中浪费时间和精力。

有这样一个故事。

一个孩子在山里割草，不小心被毒蛇咬伤了脚。孩子疼痛难忍，而医院在远处的小镇上，身边也没有能帮助自己的人。遇见这种情况，一般的小孩多半会吓得哇哇大哭，不知所措，而这个孩子的反应却是镇定、坚决的。

在呼救无效之后，孩子毫不犹豫地用镰刀割断了被毒蛇咬伤的那个脚趾，然后忍着剧痛艰难地向医院走去。最后，孩子获救了，所有的医护人员都对他果断自救的做法十分钦佩。

孩子的主治医生说：“虽然缺少了一根脚趾，但这个孩子以短暂的疼痛保住了自己的生命。如果没有果断舍弃小脚趾，那么他根本没命走到医院，可能早就死在山里了。”

试想如果这个孩子面对自己被毒蛇咬伤的脚趾不是果断选择割断以保存性命，而是犹豫不决、惊慌失措，那么他的结果可想而知。因此，在困难和问题面前，我们应该向亚历山大大帝和那个被毒蛇咬伤的孩子学习，遇事当机立断。唯有如此，我们才能避免更大的损失，才能让自己的努力有成效，才能取得更辉煌的成就。

无论是在事业还是生活中，我们总会遇到一些关键的时刻，在这个时候重要的不是怎样做出决策，而是必须做出某种决策。如果你养成了果断选择、执行的习惯，那么在做决策时，你就会运用自己的判断力，选择最适合自己的方法。但如果你的决策不过是个形式，内心还在思虑再三、犹豫不决，不认为它就是最后的决断，那么你在做决策时，就容易使自己有重复考虑的余地，无法充分运用自己的智慧，更无法做出成功的决策。

当机立断的人，遇到事情就会迅速做出决策，进而果断执行这个决策，为之努力，直至实现目标为止。而优柔寡断的人，进行决策时，总是逢人就要商量，即便再三考虑也难以决断，进而迟迟不付出行动和努力，终至一无所成。

果断选择表现的是一种勇气，也是一种智慧。在面对艰难险阻时，一味地犹豫不决，不仅是性格上的懦弱，更是一种不负责任的逃避。因此，倘若你想做一个负责任的人，倘若你希望用行动来实现自己的人生价值，那么学会果断选择吧！因为，只有果断地做出选择，才能有效地实施行动，进而让自己的努力能够有所回报。

选择好习惯，比做事努力更重要

有调查表明，人每天90％以上的行为是由习惯或惯性支配的。无论做什么事，习惯总会先于人的大脑做出反应，这是非常不容易改变的。习惯使行为跳过大脑的思考，直接发生。习惯是天使，也是魔鬼。每个人身上的习惯都是好坏掺杂，好习惯难以养成，但一旦养成却是人生的助力；坏习惯容易养成、且难以摒弃，但是却足以让人生不见天日。

生活中，很多人做事很努力，但是却因为一些坏习惯的影响，始终无法走向人生的新台阶。可见，养成好习惯是多么的重要。习惯的力量是巨大的，它能改变一个人的命运。成功需要的不仅仅是努力，还需要选择积极向上的好习惯。

王宝强是一个土生土长的农村人，家境贫寒的他，既没背景也没有财富。5岁时，他被电影《少林寺》里李连杰的风采迷住了，他想要是自己也能够成为那样的明星该多好啊！为了这个梦想，他8岁到少林寺学武，14岁只身一人到北京寻找工作机会，成了一位背井离乡的“北漂”，在拍摄点门口那一堆等着当临时演员的人里，常常有他的身影。

然而，当临时演员的收入连维持最低标准的生活都困难。为了能够继续在北京追寻自己的梦想，他到工地拉过砖，扛过木头，做过清洁工。最底层的卑微的生活并没有消磨掉他的梦想，他常常设想自己成为明星后的生活，一有工夫就在地上、墙上练习签名。虽然一度成为笑柄，但他没有一天不为自己的梦想努力。他说："我练习签名，就是要时时刻刻提醒自己，我的梦是什么，我到北京为了什么。"他不怕吃苦，踏实认真，即使跑龙套的小角色，他也甘之如饴，认认真真地表演，并始终坚信自己的未来是光明的。

如今，这个其貌不扬、满脸憨厚的小伙子已经成了家喻户晓的大明星。一个访问过他的主持人曾感慨地说："有无数的人向前看，但是只有你，把向前变成了一种习惯，始终在向前进。"

不可否认，王宝强的成功里有机遇和运气的成分，但如果没有坚持梦想、积极向上的好习惯，没有不怕吃苦、踏实认真的好习惯，恐怕机遇降临了，他也根本无法把握。机遇只青睐那些有准备的人，而王宝强认真、踏实、始终向前看的好习惯正是他为成功所作的准备。

王宝强不一定是拍摄点门口那些业余群众演员中最努力的，但他一定是那群人里表演习惯最好的那一个。很多时候，习惯比努力更加重要，正如经济学中的"木桶理论"，坏习惯就是构成木桶的木板中最短的那一条。木桶定律认为，一只木桶盛水的多少，取决于最短的木板，而不取决于最长的木板。人的发展同样如此，人的失败往往是由于自己选择的某种坏习惯所致。

生命并不是一个发现的过程，而是一个创造的过程。我们并不是在发现自己，而是在重新创造自己。人生不是去寻找"我是谁"的答案的过程，而是去选择"我做谁"的过程。因此，要想掌握人生，就一定要能够驾驭习惯，让好习惯为我所用，将坏习惯连根拔起。那么如何才能拥有好习惯，远离坏习惯呢?

1. 改习惯要趁早

习惯的形成有如缠线纱，一开始只是一条细细的丝线，随着我们不断地重复相同的行为，就好像在原来那条丝线上不断缠上一条又一条丝线。最后，它便成了一条粗绳，把我们的思想和行为缠得死死的。越是经年累月，它就越牢固。

我们可能会在不经意间养成一些坏习惯，这是无法避免的，但是我们总能够为这种坏习惯做点什么，比如每日自省。撇开每日自省的其他意义不谈，仅就改变坏习惯而言，它有助于我们尽早发现自己的坏习惯，而越早发现，改掉它就越轻松。

当然，每日自省的内容因人而异，就一般情况而言，我们可以采用自问自答的方式进行自省，比如，可以问自己这些问题，“今天足够高效吗”、“今天有哪些得失”、“有哪些措施可以让我做得更好”等。这样，我们就可以容易发现自己需要改掉什么坏习惯，或者自己正在养成什么坏习惯，以让自己对习惯的状况了如指掌。针对坏习惯，我们接下来要做的就是做出针对性计划，进行改正。

2. 置换坏习惯

由于人每天的行为绝大多数都是由习惯决定的，而坏习惯养成容易，好习惯养成难，因此对于坏习惯，我们不要奢望去“改掉”它。一是，因为这做起来很不容易；二是，因为这样很容易导致“一个坏习惯倒下去，千万个坏习惯站起来的恶性循环”。所以，选择一个好的习惯去“置换”它才是明智的。

好习惯和坏习惯之间势必会有一场很惨烈的战斗，在一开始是战略游戏，你需要配置资源，建立起信心，囤积足够的资源，然后再投入战斗。战斗时是第一视角游戏，需要你时时刻刻提高警惕，不要被坏习惯打败。因此，在开始之前，我们就要找到足够的理由和资源去增加与坏习惯作战的胜算。

以用“做晨型人”替换“早晨睡懒觉”为例，很多人只是说一遍“明早，我要早起”，但却不会做同时定几个闹钟、请家人帮忙等准备，也不会下很大的决心，因此，第二天随便为自己找个理由就又睡懒觉了。

如果我们做好如下这些准备又会如何呢？

为自己做“晨型人”找一个理由。

为自己早晨起来以后找点事做。

刚开始可以采取一些强制措施。

可以说服一些朋友（亲人）一起做“晨型人”。

……

这样，我们就做好了战略准备。等到真正开始实践的时候，我们可以打印出来一个列表，每天是否早起，做好记录；同样，在那个列表上，记录每天晚上是否早睡。如果没有早起，要对自己进行惩罚，一定要够严厉，但也不要虐待自己，比如用一些自己不喜欢吃的东西或者不喜欢的书作为惩罚就可以了。这样就能够让我们时时刻刻保持警惕，而不让坏习惯卷土重来。

3.“拉帮结伙”来“作战”

“培养习惯”这种事情，绝对需要“拉帮结伙”。有了志同道合的人，就可以相互鼓励，相互扶持，大家比谁做得最好，做得好的帮助做得不好的，一起分享成功的经验，分析失败的症结……这样自然就会容易很多。我们仍然以早起为例，虽然不可能一堆懒人睡在一起看谁早上起得早，但是有人想出了“网上签到”的方式。

总之，选择好习惯，比做事努力更重要。在日常生活中，我们要时刻注意培养自己良好的做事习惯，比如勤奋、宽容、坚持、乐于助人等。一旦拥有了这些好习惯，再加上自身的努力，成功就指日可待了。

第三章
选择不同，命运不同

选择决定命运。人生本来就是一个不断选择的过程，只有选择好自己的角色，自己的人生才不会错位。

选择经营自己的优势，你会发现成功其实很简单；选择好心态，你会发现未来是无限美好的；选择一时的忍耐，你会发现风雨过后的彩虹更加美丽；选择独立自主，你会发现唯有做世界的主人，才能够实现自己的人生价值；选择真诚待人，你会发现获得他人的真情是一件让人感觉无限满足和幸福的事。总之，选择不同，命运也会不同。要想拥有一个炫丽的人生，就要学会选择。

选择好自己的角色，人生才不会错位

著名文学家莎士比亚曾颇为感叹地说过，“生活就是个大舞台，世间众人都是这个舞台上的演员，有人粉墨登场，有人悄然而去。每个人的一生都会扮演多种不同的角色。”事实也的确如此，人在社会化过程中需要明白角色规则是怎样的，并且尽力去扮演好角色。比如，孩子、学生、男女、丈夫、妻子、母亲、父亲、员工、老板等，都是我们必须要扮演的角色。

为了胜任角色，我们往往会在不同的情境中以不同的行为方式与不同的人交往。如果人们喜爱自己的角色、愿意扮演、真正入戏，就能够把角色演得入木三分。如果人们为了满足他人的希望而扮演角色，就会讨厌自己所选择的角色，时刻都希望从这个角色中抽身出来，扮演另一个自己喜爱的角色，这样就会导致自我和角色分裂，演砸了人生这场戏。扮演的角色太多，愿意的、不愿意的、擅长的、不擅长的、演得好的、演得不好的……人就容易迷失自己。可见，选择好自己的人生角色是多么的重要。

心理学家津巴多曾经做过这样一个“监狱实验”。

参加实验的志愿者都是男性。津巴多将他们分成两组，一组扮演监狱里的“看守”，另一组则扮演“犯人”。

一天之后，几乎所有的参与者都进入了预设的角色。“看守”变得十分暴躁而粗鲁，甚至主动想出许多方法来体罚“犯人”。而“犯人”的心理防线也垮了下来，有的消极逆来顺受，有的开始积极反抗，有的甚至像看守一样去欺辱其他犯人。结果，由于实验志愿者将现实和错觉、角色与真我混淆，实验被迫提前终止，而所有参与者都产生了不同程度的心理问题。

通过“监狱实验”我们发现，角色的心理定位非常重要，它不仅会影响人们的心理健康，还会影响人们待人接物的标准。如果一个人始终找不到适合自己的角色，那么他就很容易迷失在不同的角色里，找不到参照标准，甚至误入歧途；相反，如果一个人很早就确定好了自己的人生角色，那么他在做事的时候就会依照自己的角色而定。比如，他的角色是“好人”，那么他在做事的时候就会以好人的标准来要求自己。

随着社会的发展，人们需要扮演的角色越来越多，有时候还会被迫扮演一些自己不情愿担任的角色。这种现实情况很容易让人们迷失自我。那么，我们要怎样才能调和角色矛盾，避免自我的迷失呢?

事实上，选对自己的“后台角色”就是最简单的方法。“后台角色”是真我，“前台角色”则是为了适应环境而演的，显然，“后台角色”重于“前台角色”，“后台角色”才是根本。演员回到后台，脱下戏服，卸下妆彩，才算是做回了真的自己，这个真我可以不必有出息，可以不必顾忌形象，可以暴露弱点，甚至可以全身都是弱点，但这是心灵的真正解放。

人生需要真我这个“后台角色”作为心灵的栖息地，需要真我这个“后台角色”来休养生息，这样才可以重拾勇气，再精神抖擞地走到前台去扮演好需要扮演的角色。真我是人们最真实的角色，只有找到了真我，选对了自己的角色，才能在各种角色变换中应变自如，也才能始终坚持自己的人生方向，从而让自己的人生不错位。

选择经营自己的优势，更容易获得成功

“金无足赤，人无完人”的道理大家都明白，但是很多人却并不懂得这句话的精髓，并没有把扬长避短应用到自己身上，他们不会根据实际情况来弱化自己的短处，强化自己的优势，因此导致自己的人生毫无起色。殊不知只有懂得发挥自己的长处、经营自己优势的人，人生才能丰富多彩。

一个资深化妆师曾经说过，“这个世界上没有一个可以称得上完美的美女。我的化妆技术之所以被人称赞，是因为我懂得去发现每个人长得最漂亮的一处或是几处地方。在化妆的时候，着重于这些地方，尽力凸显这些地方的美。然后，再让这些地方的美带动整个人，让每个人看起来都有与众不同的美。”

《圣经》里有个关于才能的故事，说上帝分别给A、B、C三个人不同的才能，A分到了好几项，B比A分到的少一些，而C就只分到了一项。一段时间以后，上帝就问他们三个人分别做了什么事。A说自己利用那几项才能努力工作，从而换得了更多的才能。上帝很高兴，奖励给了他更多的才能。B说他并没有增加才能，不过他也利用已有的才能好好地工作了，他感到很幸福。上帝听后还是很高兴，也奖励了他新的才能。而到C的时候，C不但抱怨上帝只给了他一项才能，而且还说：“因为你的不公平，我把你给的那一项才能埋葬了。”上帝听后很生气，取走了C唯一的才能，从此使C过着潦倒不堪的生活。

才能的多少不是问题，有没有才能才是关键。即使只有一项才能，只要我们将其用好，就会比有多项才能却不去用的人要成功得多。不管上帝给了你多少项才能，你都要把它挖掘出来，并以此作为基础，让自己拥有更多。机遇和成功更喜欢那些积极努力的人。你虽不完美，可仍是一座宝藏，不要浑浑噩噩地过日子，不要因为看不到自己的长处就不去努力，你的长处也是需要自己去发现的。趁着年轻，现在就开始挖掘自己的长处吧，让自己快速地蜕变，显现出耀眼的光芒。

不要消极地认为，“我天生就是如此，再怎么努力也无法变好。”那只是因为你对自己缺乏正确的认识，只有挖掘自己的长处，你才能突破现在的自己，发现自己更强大的一面。而这种挖掘的勇气，也是成功者必须具备的特质之一。

有一个人，他不但出身贫贱，长相丑陋到极致，而且还从不修饰自己，最让人受不了的就是在他担任了高职以后，仍然没有一点文明的习惯，行为举止都让人不敢恭维。可以说，他的这些缺点个个都是很严重的，可是他所取得的成就却让人望而却步的。这个人就是美国第16任总统——林肯。

林肯拥有如此多的缺点，但是却又能取得如此大的成就，这其中的原因到底是什么呢？其实，原因很简单，那就是他并不是像一般人那样因为自己的短处自卑，而是凭借伟大的睿智与情操，使自己的长处凌驾于一切短处之上，将自己置身于更高的境界，而这也是他能成为一代伟人的原因所在。我们不求能达到林肯那样的至高境界，但至少我们应该学会用长处来掩饰或弥补自己的不足。

俗话说得好，“三百六十行，行行出状元。”只要用心发现自己的长处，经营自己的优势，找到真正的自己，你就有成为“状元”的可能。选择自己的优势去经营，表明你已经不会为自己的劣势所累；选择自己的优势去经营，这样你离成功的距离也就不远了。

选择好心态，拥抱美好的未来

不知你是否知道，每个人身上都有一个隐形的护身符。这个护身符决定了人们看世间万物的样貌，它的形状是一颗心，有正反两面，一面写着“积极的心态”，而另一面写着“消极的心态”。

护身符正确的佩戴法是把写着“积极的心态”的一面朝外，写着“消极的心态”的一面朝内。如果佩戴得不正确，它不仅不能给你带来保护，甚至还会给你带来厄运。既然是隐形的，那么怎样才能知道自己是否佩戴正确了呢？其实，方法很简单，自我检查一下，如果你乐观、进取、有朝气、有精神……就说明护身符戴对了；反之，如果你消极、难过、没有主动性……就说明护身符戴错了。

心态到底是如何影响我们的呢？行为心理学告诉我们，当一个人的心里萌发一种想法，且现实允许这种想法的实施时，那他就会把想法付诸行动。而在这个时候，能有一种好的信念或者心态来支持，那么这个想法就会得到更好地实施，并且这个想法的逐步成功也能加强和助长这个信念，从而达到事半功倍的效果。

举个简单的例子来说，在工作、学习的时候，如果需要做的工作或是作业是自己特别擅长或者很感兴趣的，那么我们就会不自觉地充满了积极情绪去完成它，就会显得信心十足，结果往往也会很好。反之，我们觉得它很难或者对它没有一点兴趣，很被动地去做，那么就算勉强完成了，结果也可想而知。这就说明了，我们的心态改变了我们的行动，而我们的行动则又进一步增强了我们的心态。

这就好比在谈恋爱的时候，彼此之间因为有了好感，所以就会产生一种要和对方在一起的心态。恋爱心态在很大程度上决定了两个人在交往时的密切程度，因为这种心态会让你在和对方在一起的时候，产生一种莫名的激情，这种激情也时刻影响着对方，令对方也在无形中产生这种心态，然后开始热恋，而这就是情绪和行为相互作用的一种反映。同样的道理，孩子在哭的时候越哭越伤心，也是因为哭的行为与哭的心态相互影响，而哭的心态又进一步加深了哭的行为。

把这个道理放在成功上也是讲得通的。首先，我们要有一个成功的心态，在相信自己有能力成功以后，就会从心底里认为，只要经过自己的努力就一定能取得成功，当自己努力做了以后，就会验证古人说的“世上无难事，只怕有心人”这句真理。因此，千万不要因为自身条件的限制而放弃追求成功的行动，只要相信自己，就一切皆有可能。反之，不论自身条件如何优越、遇到的机会如何好，如果没有积极的心态，那么我们也是会失败的。

乐观积极的人看见半杯水，会激动地说：“真好！还有半杯水啊！”然后，心满意足地喝下去；悲伤消极的人看见半杯水，会失望地说：“真可惜！只有半杯了啊！”然后，不情愿地喝下去。结果，很可能是前者不但解了渴，还很开心地感激给他水的人；而后者不但觉得自己并没解渴，还会抱怨别人怎么只留给他半杯水。

一样的道理，同样是夕阳，不同心态的人也会有不同的看法。有诗叹道：“夕阳无限好，只是近黄昏。”也有诗感慨：“但得夕阳无限好，何必惆怅近黄昏。”这就是不同心态的真实写照。夕阳是无限好，你赶上了，就是值得庆幸的，即使它马上就要消失了，也比从未出现过要强得多。这种乐观的心态不仅能让人活得平和、快乐，还能让人更易实现成功的人生。美国总统富兰克林·罗斯福之所以能够获得巨大的成功，正是因为他始终拥有一个良好的心态。

一般来说，一个胆小、心理脆弱的孩子，如果没有经过很好的引导，往往会变得敏感、孤僻、不爱交往，最终会成为一个没有人在意、没有人关心的人。小时候的富兰克林·罗斯福就是一个胆小且心理脆弱的小男孩，可是一般的情况并没有发生在他的身上。在家人的鼓励和自己的坚持下，他始终保持着一种积极向上的心态，而正是这种心态激发了他的奋斗精神，最终成就了这位伟大的美国总统。

罗斯福没有因为他的缺点而自甘平庸，他把自己的缺点当做是促使自己加倍努力奋斗的动力。他并未因为小伙伴们的嘲笑而失去勇气，恰恰相反，他把每一次喘气带来的痛苦都当做是对自己成功信仰的一种考验。他那时的成功就是克服自己的胆小和恐惧。他做到了，这不仅因为他的积极向上，还因为他的坚持不懈。

此外，儿时的罗斯福还常以大人的标准来严格要求自己。大人们参加的活动，他都一定要强迫自己去参加，活动越是艰难，越是能引起他的兴趣，有时即便没有得到允许，他也会进行一些激烈的活动，而这样的行为则逐渐培养出他吃苦耐劳的精神。知道自己胆小，他便刻意让自己和别人接触，从不刻意回避任何人，并且对人很友好，让大家喜欢他，进而让自己走出了自卑的阴影。

罗斯福很好地利用了自己的缺点，使之成为了一种无形的动力资本，最终帮助自己走到了成功的巅峰。童年时的良好心态使他从未落入自怜的泥潭，经过自己的努力后战胜了先天的缺点，让自己成了一个不再胆小、也不再心理脆弱的孩子，并最终成为美国历史上最具影响力的总统之一。

我们细究这位伟大总统的成功之路，不得不承认良好的心态是其成功的主要因素。正是因为他的这种积极心态激励着他去奋斗，才会有最后的成功。在现实生活中，机遇是留给有准备的人的，而有准备的人，通常都是抱着一种积极、乐观、向上心态的人。此外，幸运之神也喜欢积极、乐观、向上的人。

总而言之，良好的心态对每一个人来说都是非常重要的，它不仅能给人奋斗的力量，更是一个人奋斗方向的指引者。一旦有了这种指引，一切的成功也就只是时间的问题了。

选择忍耐，迎接美好的明天

金盏花是一种颇受人们喜爱的植物，人们喜欢它，不仅因为它的花瓣黄白相间很漂亮，还因为它的花语——忍耐。人们经常把金盏花称作晚开的菊花，因为它为萧瑟的冬季添上了一些温馨的色调。

对于任何人而言，忍耐都是痛苦的。正如古人所言，不经历一番严寒彻骨，就不会有梅花那扑鼻的香气。强者的诞生必定要先遭受一番折磨和煎熬，而不经历痛苦的忍耐就不会迎来成功的喜悦。

张裴在大学主修临床医学，刚毕业，就遇上一个千载难逢的好机会。一家在市里很有名气且待遇很不错的私人医院公开在他们学校招聘。张裴和几个校友凭借自己优秀的专业技能被招聘方看中。随即医院让他们过两天就去实习，并且说实习一个月后，医院如果满意就能留下来。

工作的第一天，张裴早早就到医院报到。接待他的主任看了他一眼以后没说什么，然后随手拿了一个文件夹，让他送到院长办公室，让院长签字。院长办公室离主任办公室有一段距离，想到主任对待自己冷淡的态度，张裴心里很不是滋味。可毕竟这是第一天上班，尽管心里很不愿意，但还是拿着文件去了院长办公室。当他气喘吁吁地跑到院长办公室时，秘书告诉他院长没在，并让他把文件送回去。

没办法，张裴连忙又快速地跑回去把情况告诉主任。可没想到刚跑到主任办公室，主任就说：“院长刚打电话来，说刚回来，那份文件挺急的，麻烦你再跑一趟吧。”张裴想说什么，可又不知道该怎么说，只得乖乖地跑去院长办公室。然而，秘书又告诉他说院长刚接到一个电话，又急着出去了，可能暂时回不来，然后又让他回去。

张裴就这样来来回回地跑了两趟，心里隐约感觉到，这一切似乎是主任和那个秘书在故意刁难他。可是，自己第一天来，按理说也没得罪他们啊！直到第三趟，这时张裴已经累得气喘吁吁，内心也已经充满了熊熊怒火，不过他仍然强忍着怒气。

当他第三次将文件送到院长办公室时，院长依然不在，而秘书却说：“把它打开。”张裴莫名其妙地打开文件夹，里面居然是自己这一个月实习要签的实习合同。张裴愤怒地盯着秘书，但是秘书仿佛一点也没感觉似的，接着又对他说：“你把这个合同签了吧！”张裴再也忍不住了，用力把文件夹摔到地上，气愤地说：“我怎么招惹你们了，凭什么这样玩我，大不了我不干了！”说完之后，他感觉痛快许多，因为一肚子的怒火全部发泄出来了。

但是，秘书却失望地摇了摇头，并对他说：“唉，又是一个，你知道刚刚这一切，其实是一个测试，测试你承受极限的能力，因为这次我们要的是能站在手术台上的医生，这不仅需要你有过硬的专业技能，还必须要有极强的心理承受力。你们好几个同学刚到了第二次就失败了，你都通过三次了，就差那么一点点，还是无缘签到自己的合同，真是可惜。现在，你也可以走了。”

当走了前面九十九步时停止了，没有忍耐住困难的最后一步，你得到的结果就与没有起步的人是一样的。俗话说得好，“忍一时风平浪静，退一步海阔天空。”忍耐不仅能够化解干戈，还能够获得成功的机会。

纵观中国历史各朝代更替时，那些最终成就霸业的人，没有一个不是经受过折磨的人。他们之所以能登上王位，就是因为他们能忍别人所不能忍。比如，“卧薪尝胆”典故中的越王勾践，正是因为忍耐，才为自己赢得了时间，才能使越国得以休养生息，也才能在十年后一雪前耻，成就霸业。

俗话说：“小不忍，则乱大谋。”忍耐不是甘于平庸，而是审时度势，能屈能伸才是大丈夫所为。有句谚语说得好，“为了玫瑰，也要给刺浇水。”任何美好的东西都不是唾手可得的，都要忍耐一段漫长的时间，或忍耐痛苦的折磨，或忍耐屈辱的摧残……如果我们不能忍受那些扎在心头的刺，那么又怎能为自己建造一座可以悠游的心灵花园呢？

忍字心头一把刀，虽然刀插在心上让人苦不堪言，但遇事不忍就会招来祸患。有些人不愿忍耐，他们不但把自己推向痛苦的深渊，而且还自暴自弃地用消极的行动惩罚别人，结果只能沦为情绪的奴隶；还有一些人，他们不但不认输，反而感谢这样的折磨，他们不是疯子，也不是他们感受不到煎熬、痛苦，只是他们在仇恨层出不穷的时候能把身子转向阳光，光明让他们看到了希望，而人一旦有了希望，就可以战胜一切痛苦，忍耐也就没什么难的了。

忍耐是一种智慧，一种能力，更是一种难得的境界。懂得忍耐的人是有修养的人，因为忍耐不仅需要好的心态，更需要顽强的意志和坚韧不拔的毅力。忍耐，不仅是成功路上的考验，还是使一个人变得纯粹、崇高而不可忽略的环节。选择了忍耐，当走过人生一个个需要忍耐的关口，迎接你的就是美好的明天。

选择独立，做自己人生的主人

不少人羡慕别人家庭背景好，有一个有身份的父亲或者有地位的母亲，这样“背靠大树好乘凉”，自己未来发展也会省去很多波折。不错，一个好的家境的确能给子女一定的支持和帮助，能接受良好的教育，提供强大的资金支持，更为重要的是能帮助他们获得无价的身份、地位及人际关系……但是，如果自己没有伞，再强壮的大树也不可能永远为你遮风避雨。而且，如果因为有大树的庇护而形成依赖心理，从而导致自己不再努力，那么最终受害的还是自己。

人要立于社会，首先就要选择独立自主。由于自立是打开成功之门的钥匙，自立也是力量的源泉，因此要想成大事，就应首先抛开身边的“拐杖”，独立自主。

小鸟们的翅膀刚刚长成，刚学会飞行的时候，就被它们的父母赶出了“家门”。当小鸟们眷恋温暖的窝巢，不愿离去时，父母们往往不顾亲情，硬是把它们赶走才肯罢休。其实，小鸟们初生时，它们的父母也如获至宝，轮流守护，轮流觅食，爱子之情与人类并无差别。然而，当小鸟们翅膀上的羽毛日渐丰满时，父母们却“狠心”地将它们赶出家门。这在人类看来似乎有点不近情理，但正是这种“不近情理”使小鸟们掌握了生存的本领，使它们在“物竞天择”的自然法则中拥有了自己的“一席之地”。

独立的境界是美妙的，独立的个性却是需要我们自己去学习和培养的。一旦不再需要别人的援助，自强自立起来，那么我们就会踏上成功之路；一旦抛弃所有外来的帮助，那么我们就会发挥出过去从未意识到的力量。

美国著名喜剧演员戴维·布瑞纳出身于一个贫穷但很和睦的家庭。在中学毕业时，他得到了一份难忘的礼物。

“我的很多同学得到了新装，有些富家子弟甚至得到了新的轿车。”他回忆说，“当我跑回家，问父亲我可以得到什么礼物时，父亲的手伸进上衣口袋，取出一样东西，我伸过手去，他把我的礼物轻轻坠落到我手上——一枚硬币！”

“父亲对我说，用这枚硬币买一张报纸，一字不漏地读一遍，然后翻到分类广告栏，自己找一个工作。到外面的世界闯一闯，它现在已经属于你了。”

“我一直以为这是父亲同我开的一个天大的玩笑。几年后，我去部队服役，当坐在散兵坑道认真回忆自己的家庭和自己的生活时，才认识到父亲给了我一个什么样的礼物。我的那些朋友得到的只不过是轿车或新装，但是父亲给予我的却是整个世界。这是我得到的最好的礼物。”

保持独立生活的习惯，这种习惯会在成功的路上助你一臂之力。要想成大事，就应首先抛开身边的“拐杖”，独立自主。只有抛弃身边的每一根拐杖，破釜沉舟，依靠自己，才能赢得最后的成功。

法国著名小说家、戏剧家小仲马在初学写作时，每次寄出的稿子都被出版社退稿，其父大仲马得知后，对他说：“如果你能在寄稿的时候，顺便给编辑附上一封短信，哪怕只有很短的一句话，就说‘我是大仲马的儿子’，或许情况就会有所改观了。”

然而，小仲马却固执地说：“不，爸爸，我不想站在您的肩上去摘苹果，那样的话，摘来的苹果对我而言是毫无味道的。”年轻的小仲马不但拒绝了以父亲的大名来做自己事业的敲门砖，而且还不露声色地给自己取了很多笔名，免得那些编辑们把他同大名鼎鼎的父亲联系起来。

面对一封封冷酷无情的退稿信，小仲马并未沮丧，他依然不露声色地坚持创作。他的长篇小说《茶花女》寄出后，终于有一位资深的编辑被他绝妙的构思和精彩的文笔震撼了。而这位资深编辑也一度和大仲马有过多年的书信往来。当他看到寄稿人的地址同大作家大仲马一模一样时，开始怀疑是大仲马另取的笔名，可是他不敢断定，因为作品的风格同大仲马的迥然不同。为了解答这个疑问，他迫不及待地乘车去造访大仲马。

令这位资深编辑大吃一惊的是，《茶花女》这部伟大作品的作者，居然是大仲马年轻的儿子小仲马。“您为什么不在稿子上署上您的真实姓名呢？”资源编辑疑惑地问。小仲马回答说：“因为我只想拥有真实的高度。”

真实的高度依靠的是自身的努力，父母的成就再高再大，始终是他们的，跟你没有太大的关系，最多让你比他人的起点高些，但起点毕竟不是终点，最终的高度还是要看你自身的努力。

在当今社会中，出现了一个新的人群，即“啃老族”，这些人在义务教育结束后，不升学、不工作、不参加职业培训，长期赋闲在家，衣、食、住、行都靠父母，过着“寄生虫”般的生活。日子是悠闲了，但是他们没有想到，再高大的树，也会被寄生虫蛀噬一空，到那时，相信寄生虫的日子也不会好过。如果你非要找棵大树来依靠，那就把自己当作自己的大树吧，只要自己努力，大树便永远不倒。

人在任何时候都不能依赖别人，不管是父母，还是朋友或爱人，而把命运交在别人手里是愚蠢的。每个人都有自己的人生，别人的帮助毕竟是有限的、一时的，只有通过自身的努力，才能打出一片属于自己的天下。只有选择独立自主，才能拥有整个世界，也才能拥有完整、有意义的人生。

选择真诚待人，收获世间真情

我们共同生活在同一个地球上，头顶同一方晴空，脚踏同一片热土，大可不必处处钩心斗角、尔虞我诈。人生苦短，何必为一些琐碎的事而劳神伤脑、大动干戈，进而闹得鸡犬不宁呢？一切不满和愤恨，都只因为太多时候我们不能做到换位思考、将心比心。如果以每个人的立场来看，他们都是对的。只不过在大多数时候，每个人都坚持自己的想法或意见，无法将心比心，无法设身处地为他人考虑，因此无法站在别人的立场去为他人着想，冲突与争执也就在所难免了。

相信大家对鲍叔牙和管仲这两位名人都不陌生。他们之间的友谊更是被人们世代传颂。而他们之间的友谊就是建立在谅解、换位思考、将心比心的基础上的。

鲍叔牙和管仲两个人在年轻的时候就互相认识，于是他们开始合伙做买卖。由于管仲家境贫寒，因此他出资少些，而鲍叔牙出资相对较多。两个人的生意做得很红火，只是有人发现管仲用挣来的钱先还了自己私下欠的一些债。不仅如此，到了年底分红时，鲍叔牙按照五五分成来分红，管仲居然也坦然接受了。

于是，鲍叔牙手下的人开始愤愤不平。他们议论纷纷，有的说：

“管仲出资少，平时他自己开销又大，年底还照样和您平分效益，可见，这个人有多么贪财。”鲍叔牙对这些人斥责道：“不要总是计较那些钱，难道你们不知道管仲的家境很困难吗？他比我更需要钱，我之所以要同他合伙做生意，就是想要帮帮他，这是我情愿的，以后谁都不许再提此事！”

还有一次，鲍叔牙和管仲一起被充军，两个人更是相依为命。一次齐国和邻国开战，双方军队展开了激烈的厮杀。可是，在冲锋时，管仲却总是躲在最后，跑得很慢。而退兵时，他却比谁跑得都快。众人都耻笑管仲是个贪生怕死之辈，连领兵都打算拿管仲杀一儆百，以壮士气。眼看管仲命悬一线，就在这紧要关头，又是鲍叔牙站了出来，他替管仲辩护道：“管仲的为人我是最了解的，他家尚有老母亲无人照顾，他不得不忍辱含羞地活着以尽孝道。”

听了鲍叔牙这番话，管仲感动得流下了热泪，他激动地说：“生我的是父母，而了解我管仲的，唯有鲍叔牙啊！”后来，管仲的母亲病逝，从此了无牵挂的他打仗冲锋陷阵，毫不退缩，很快就得到了提拔和重用。

鲍叔牙处在管仲的位置思考，为管仲排忧解难。这种换位思考、将心比心的真诚让鲍叔牙不仅收获了管仲的友谊，也从另一方面成就鲍叔牙的盛名。由此可见，真诚待人于己于人都是好事一桩。

当然，我们做什么事情都不是为了做给别人看的，但是能够多替他人着想，的确会为我们自己赢得别人的信任。当有人为痛苦而呻吟时，请不要厌烦，将心比心，理解一下他们的痛苦；当父母为你的成绩而发愁的时候，请不要不屑，将心比心，体会一下恨铁不成钢的滋味；当交通民警指正你的违规行为的时候，请不要生气，将心比心，体会一下为人民服务而日晒雨淋的艰辛……

如果能够做到换位思考、将心比心，那么这个世界就会少一些野蛮的争斗，多一份文明的礼让；少一些冷漠的眼光，多一份善意的帮助；少一些阴险的欺诈，多一份真挚的人情；少一些计较与猜疑，多一分理解和信任……一个人，选择了真诚，就意味着放弃了钩心斗角、尔虞我诈，而他就会收获人间最珍贵的东西——真情。

第四章 选择好思路，找到好出路

所谓思路，是指人们思考某一问题时思维活动进展的线路或轨迹，即思考的线索。这个思考的线索能够直接关系到人们行事的路线，从而决定着一个人的出路。

无论是在家庭生活还是在社交生活中，无论是在打工生涯还是在创业生涯中，无论是在政界还是在商界，任何一个好的思路都不容忽视。因为，它会带给你和谐的家庭生活，会带给你良好的社会关系，会教你选择适合的职业，会帮助你找准创业的领域，会推动你在职务上获得提升，会帮助你成为财富的拥有者……总之，选择好的思路，就意味着选择了好的出路，也就意味着有很大可能获得成功。

选择好思路，带来好机遇

成功人生的源头是思考，而人们追求成功的最初形式则体现在追求财富上。你能够拥有什么样的生活，完全取决于自己的想法。改变想法就可以改变生活，选择好思路，就能够找到好机遇。

一位年轻人正在火车上观望沿途的风景。途经一片荒无人烟的山野时，包括年轻人在内的多数旅客都百无聊赖地望着窗外。行至一个拐弯处时，火车开始减速，一座简陋的平房缓缓地进入年轻人的视野。与此同时，几乎所有乘客都睁大眼睛来“欣赏”这寂寞旅途中的独特景色，甚至有不少乘客开始议论起这座房子。年轻人没有参与议论，但是听了别人的议论后，他的心为之一动。

几天后返回时，这位年轻人中途下了车，他不辞辛劳地找到了当时看到的那座平房的主人。主人说这里每天都有火车驶过，“隆隆”声震耳欲聋，他们实在受不了这噪声了，一直都想将这房子低价卖掉，但却始终无人问津。于是，年轻人对房主说自己愿意将房子买下来。几天后，年轻人用3万美元买下了那座平房，他认为这房子其实是块宝。因为，这座平房正好处在转弯处，火车每次行使至此必然要减速，百无聊赖的乘客们一看到这座房子精神就会为之一振，所有的目光都聚焦在这座平房上，所有的谈资也都围绕着这座平房展开。因此，在这里做广告是再好不过的了。

一买下这座房子，年轻人就赶忙去联系一些大公司，向他们推荐房屋的正面是一面极好的“广告墙”。虽然也碰了不少壁，但是功夫不负有心人，年轻人的推荐终于被可口可乐公司接纳了，租赁合同签了下来，在三年租期内，可口可乐公司支付给年轻人18万美元的租金……

如果是你看到这座房屋，你会想到什么呢？是否也像车厢里的其他多数乘客那样眼前一亮而后议论纷纷，但最终会停止下来再继续说自己的事情？如果你是房子的主人，是否也会像那个房主一样只知道这座房子的位置太差，并且因难以忍受火车的噪声而急于低价出售呢？千万不要做这样的人。故事中的年轻人给了我们启示，即突破人们的思维常规，拿出出奇的经营招数，便能赢得非常好的效果。

亨利·兰德平日总爱为女儿拍照，每次拍照后女儿都想马上看到照片。又一次拍照结束后，女儿像往常一样吵着要看照片，亨利·兰德再也不像以前那样以简单的“现在无法看”来搪塞女儿了，他耐心地为女儿讲解，照片必须全部拍完，等底片卷回，才能从照相机里取出来，再送到暗房用特殊的药品显影。在副片完成后，还要照射强光使之映在相纸上面，与此同时还必须再经过药品处理，一张照片才得以最终完成。

当然，亨利·兰德在向女儿一一讲解的同时，也在内心问自己：“难道制造不出‘同时显影’的照相机吗？”当他把内心的想法告诉自己的朋友们时，那些对摄影稍有常识的人都异口同声地说：“当然不可能！”并在列举出了一个又一个理由后，说：“这简直是天方夜谭。”

然而，亨利·兰德并没有因众人的异议而退缩，为了满足女儿的要求，同时也是为了自己的理想锲而不舍地追求着。最后，经过不断地研究、试验，他终于实现了这一设想。从此，兰德企业就诞生了。如果兰德依照他人的想法，那绝不会发明出同时显影的照相机。他打破了常规思维模式，开辟出了自己的新路子。

之后，在“拍立得”相机正式投产后，宣传和推销便成了当务之急。经过慎重考虑，兰德又请来了当时在美国颇有名望的推销专家——霍拉·布茨。看了“拍立得”相机后，布茨欣然受命担任专门负责营销的经理。

迈阿密海滨是美国的旅游胜地，每年都有成千上万的游客来此度假。布茨看准了这个理想的推销场所。他首先专门雇用了一名泳技高超、身体线条优美的妙龄女郎，让她去海滨浴场游泳并假装不慎落水，然后事先安排好的救生员“及时赶到并将其救起”，这惊心动魄的场面吸引了很多游客围观。这时，“拍立得”相机出场，它大显身手，眨眼的工夫，便将记录当时精彩场面的抢拍照片展现在众人面前。人们被震惊了，他们从未见过如此神奇的相机。于是，推销员便趁机向众人推销这种相机。就这样，“拍立得”相机迅速走红迈阿密，并在最短的时间内风靡全美国，成了当时市场上的热门商品。亨利·兰德的公司也因此生意兴隆，名声大振。

羡慕第一个事例中的年轻人的机遇？羡慕第二个事例中的亨利·兰德因“拍立得”照相机获得的丰厚收益？钦佩第二个事例中推销专家霍拉·布茨的头脑？如果你的想法被说中了，也别觉得有什么不好意思。然而，羡慕、钦佩以后，一定要想想为什么他们能够获得那么大的成功。其实，原因只有一个——思路。不是机遇青睐他们，不是运气善待他们，而是他们自己会积极地开发自己的头脑，让思路成为改变自己人生的机遇。

机遇从来不是从天而降的，倘若你想要拥有好机遇，那么就从现在开始改变自己的思路吧！当你勤于思考，找到好思路之后，机遇就会随之而来了。机遇有了，再加上适当的人为努力，还怕不能成功吗？总之，只要选择了好思路，就一定能够获得好机遇。

选择新思路，天高地远无穷极

每个人都是社会中的一员，谁都无法摆脱同他人的交往。工作也好，生活也罢，无论做什么事都需要灵活多变的为人处世策略。坚持自我固然重要，但是过于坚持就是固执己见、冥顽不灵了。也许有的人会说：“我就是这个个性。”其实不然，个性跟固执完全是两码事，把固执当做个性来展示就像把无知当个性一样，都是愚蠢的行为。

固执己见的人往往都很自以为是，他们在很轻易地得出某个结论后，就会把这个结论当做是最终的真理，而如果其他人提出异议，他们就会认定对方在某些方面出问题了。人一旦固执起来，看任何问题就会带有偏见。在他们的眼里，如果某位父亲不思进取，其儿子也必定好不到哪儿去；如果一个人做了一件坏事，那他一辈子肯定都不会再干好事。

但是，事实真的如此吗？当然不是！世界“牛仔大王”李维·史特劳斯的公司中就有一些有犯罪前科的人，他们在公司里工作认真、努力，干得相当出色，并且没有人因曾经犯下过某种错误而影响公司的效益。

待人也好，做事也罢，都有很多方法，但最佳方法却只有一种。

这种最佳方法并不一定是你当时认定的那种，甚至很有可能是当时你所认为的所有方法中最差的那种方法。所以说，选择一条路的时候，不能固执地认为这条路就是对的，是最好的，而应在迈步之前就开动脑筋，试着换种方法，或许，这样就可以直接通向成功了。

生活的舞台，不是早已写好的剧本，而是即景发挥的活剧。是否能够赢得满堂彩，不是由设计好的故事情节决定的，而是看如何根据自己的理解去表演。选择新思路，抛弃旧思路，你就会发现前路一片平坦。

某公司经理李先生的资金一时周转不开了。在向谁借钱的问题上，他颇为难。经过反复考察后，他选中了一家大公司。不过这家大公司的老板王先生虽然富有，但却是个出了名的“铁公鸡”。

为了从这个众人眼中的“铁公鸡”身上拔出毛来，李先生可谓绞尽脑汁。最后，他终于想出了一个计策。胜券在握的李先生马上去与王先生的秘书联系，并约定了与其见面的日期和时间。

见面那天，李先生早早就搭车赶往约定地点。出发前，李先生特意换了一身非常一般的衣服，然后又让秘书找来破旧的皮鞋。当车子行至离约定地点还有大概200米的路程时，李先生便下了车，然后飞速地跑向约定地点。恰逢那天天气炎热，李先生出现在王先生面前时已汗流浃背。王先生见了很是诧异，忙问道：“你这是怎么了？”

“实在抱歉，我的自行车在半路上突然坏了，很担心迟到，所以就只好跑来了。”

“为什么不坐出租车呢？”

“你可能有所不知，我向来小气，坐出租车是要花不少钱的，我又没有私车，还好有父母赐予的这双腿，只要是需要赶时间的时候，我都会用它们，这样既省钱，又锻炼了身体，不过就是很费鞋子。您看，我的鞋子都破成这样了，还是舍不得再买一双，哪像王先生您财大气粗啊！坐出租车，也只有像您这样的人才能够承担得起。”

李先生事先调查过王先生没有私车。

“哎呀，我也非常小气啊！我也没有私家车。”王先生表现得十分谦逊。

“不，您那是节俭，我这才叫做小气呢！您有所不知，很多人都叫我‘严监生’呢！”

“是吗？还真是没有听说过呢。倒是我，经常被人称为‘葛朗台’。”

“其实呀！王先生，人要是不节俭，怎么能创业呢？所以说啊，人是不能太大方的。无论如何，浪费钱财都是不应该的。”

“是的，我非常同意你的观点！”王先生理情不自禁地上前握住李先生的手，激动地说。李先生能够感觉出来，王先生已经对自己的话产生了共鸣。结果，当然是让其他人瞠目结舌了——王先生非常慷慨地把钱借给了李先生。

其实，李先生也并不是没有骨气的人，但是他思量许久，得出这样的结论：求人办事如果一味争强好胜，不一定能够达到目的。最佳方式是因人而异，针对对方的性格特点来寻找最有效的方法。

具有“船王”称号的包玉刚是从一条船起家的。他由一个不懂航运业的门外汉一跃成为一代船王，就是因为他时时处处都在想着寻找最佳方法。当其他人都在热心于搞房地产时，甚至当他父亲也主张投资房地产时，他却没有马上追随这个大潮。经过一番分析后，他决定投资航运业。当其他船主都在用“散租”的方式来获取暂时的高额租金时，他却以“长租”的方式来获得并非高额但却极其稳定的收入，从而争取了许多固定的大客户。人一出了名就会被关注。包玉刚成功之后，有人说他是包拯的第二十九代子孙，其遗传基因使得他不平庸。果真如此吗？当然不是，他之所以会成功，是因为他总能从常人的所作所为中发现弊病，从而总结出一套更好的方法。

无论是船王，还是筹款的李先生，他们无疑都是成功的。而他们的成功就在于他们看问题没有依照大众的观点和思维，而是抛开从众心理，从一个崭新的角度来寻求解决问题的方法。而事实也证明，换个思路是完全可行的。

现实中有太多类似的事情。当你感觉所处的环境对自己不利时，那就不妨去换一个新的环境吧！当你发现下属不称职时，就果断地撤换吧！当你发现每天一条短信或一个电话向恋人求爱效果不佳时，那就干脆试试当面倾诉爱慕之情吧！当你发现自己每天都对他人笑脸相迎却无人领情时，那就不妨试着换副坚毅的态度来面对吧！当你发现对孩子有求必应，他却得寸进尺时，那就变得严厉些吧……总之，一旦发现某些地方“不行”了，就得想办法去改变，换个思路，以找到解决问题的新方法。

你希望自己前方的天地更开阔吗？如果答案是肯定的，那就选择新的思路吧！尝试着“违背常理”，尝试着面对众人异样的眼光，最后你听到的将会是众人的咂舌与赞叹。

选择好创意，成就好事业

偶尔捕捉一些灵感，接受一些挑战，制造一些刺激，拓宽一下自己的眼界，敏锐的思维就从中而来。这是一种不自觉中养成的好习惯，是一个人在紧急时刻快速反应所产生的综合产物。一样的市场，一样的勇气，一样的资历，你比那些成功者缺少了什么？有时，你比成功者缺少的，正是那一点小小的创意。

一家减肥健美俱乐部效果显著，久负盛名。一天，一个男性单身胖子慕名而来，他已有过多次减肥失败的经历了，这次他是抱着最后再试一次的想法来的。登记以后，教练记下了他的地址，然后告诉他：“训练从明天开始，你回家做好准备吧！”

第二天一大早，门铃响了，胖子早已做好了准备，可是一开门不见教练，只见一位漂亮的性感女郎站在门口。性感女郎对胖子说：“你要能追到我，我就是你的了。”说完，性感女郎拔腿就跑了。胖子激动不已，追了出去。从此以后每天早晨，邻居们都会看见胖子在狂追一位漂亮的性感女郎。

几个月过去了，胖子还是没能追到那个美女，他早都忘了这是在减肥，只是一心想着要把美女追到手。直到有一天早上，门铃照常响了，开门以后，胖子发现站在门口的不是那位漂亮的性感女郎，而一位体型肥胖的女士。胖女士对他说：“那姑娘不来了，但是我要能追到你，你就是我的了。”一句话吓得胖子转身就跑。于是，又开始了几个月地狂跑。最后的结果相信大家已经猜到了，是的，那个男性单身胖子减肥成功了！

这样搞笑的减肥方法是否存在已不重要，然而其中的创新思维确实让我们眼前一亮。笑过之后，我们应该深思，必要时不妨偷换一下概念，改变一种思维方式，选择一个好创意，把一些艰苦的过程变得轻松、有趣起来，这样我们更容易把事情做好。

大富豪洛克菲勒有句名言，“如果你想成功，那你就得开辟出新路，而不要沿着过去成功的老路走……”敢于创新的精神无疑是做成大事的一个根本素质。其实，每个人都能够具备创新思维。不相信的话，那就看看发生在我们身边的创意吧。

在美国几乎没有人不吃汉堡，由于需求大，汉堡店也是随处可见，竞争十分激烈，因为麦当劳、肯德基等名店早已占领了市场，所以如果开个新店，几乎不会有什么好生意。可是，就有两个年轻人不服气，不仅开了新店，而且大受欢迎。

同行们猜测，可能他们有什么秘密配方或是有什么新颖的促销方法。其实，事情并没有那么复杂，他们出售的就是跟其他店一样口味的汉堡，只是尺寸比其他店的汉堡小一码而已。

开店之前，两位青年是一家广告公司的市场调查员。他们认为不管竞争多么激烈的行业，都是有机可乘的，关键还是自己要有“创意”。他俩通过调查，发现了一个有趣的现象：许多汉堡店争相出售大型的汉堡，想以物美价廉招揽顾客，却忽略了美国人的“肥胖问题”。人们虽爱吃汉堡，可是都在自我控制食量，一些减肥者一般只吃掉小部分的汉堡，但是却要付整个汉堡的钱。基于这种情况，他们的“迷你汉堡店”便应运而生，不仅成功地在美国打开了市场，并以美国为中心向世界各地发展。

由此可见，富含商机的创意就是满足各种消费者的心理需要，甚至包括他们潜意识里的需要。

15岁的格林伍德一直渴望有一双自己的滑冰鞋。一年圣诞节，妈妈把一双滑冰鞋当做圣诞节礼物送给了他。收到这件礼物后，格林伍德非常高兴，全副武装以后马上就跑出屋子，到家附近结了冰的小河上去溜冰。当时天气特别寒冷，但是因为身体的所有地方被包得严严实实，所以也感觉不到。然而，格林嫌“两片瓦”式的皮帽子把头和腮帮子捂得严严实实的，一玩起来很不方便，便索性把帽子摘了，这样一来玩起来倒是方便了，但是耳朵却被风吹得像被刀子割了似的疼。

格林伍德想：为什么头上可以有帽子，脖子上可以有围巾，耳朵那么容易感觉到冷，却没有为耳朵保暖的东西呢？脱下滑冰鞋，格林伍德就回了家，进了房间他便开始细心研究，在纸上不停地勾画着。过了大半天，他终于琢磨出一个大概的样子，并且请妈妈照他图纸的意思做出来。妈妈照着图缝出了一双棉耳罩。格林伍德戴上它去溜冰，果然耳朵不冷了，玩起来也很方便。朋友们看见了，纷纷问格林伍德从哪里买到的棉耳罩。格林伍德回去后便和妈妈商量要做更多的耳罩，在这个过程中又经过几次设计和修改，耳罩做得更适合，也更好看了。后来，格林伍德在妈妈的鼓励下向美国专利局申请了专利，并把它取名为“绿林好汉式耳罩”。

创意并非需要我们去深挖自己的大脑。很多时候，一些普通的现象和事情中都蕴含着无限的机遇，关键是你是否具备敏锐的洞察力。只要你在平时的生活中多留心观察，同时开动自己的大脑，抓住瞬间的灵感，并敢于付出行动，你就能够施展拳脚，并且获得相应的报偿。不经意间的想法，与众不同的思维方式，你的命运或许就会因此而发生改变。

创新思维是一种积极向上的心理状态，很多成大事者都具有超出常人的创新思维。在残酷的竞争面前，创新思维会给你带来无限的生机与活力。毫无疑问，我们要想立于不败之地，就必须具有创新思维，用新思维突破常规观念，超越别人、超越自己的过去。你想和格林伍德一样成就一番事业吗？那么从现在开始多挖掘生活中的小创意吧！因为，选择好创意，是成就好事业的关键。

选择新观念，打开新财路

推陈才能出新，观念也是一样，一味沉湎于旧观念中，就不会有新观念出现。做事情成功与否，其中一个决定性的因素便是人的观念。每次遇到事情，总是依照同样的习惯思维去运作，则不可能有新的改变。但是，倘若可以做到转变思维，换一种方式去解决，则很可能会有所突破。

我们都知道，奥运会是一件盛事，对于一个国家而言，它更是一项机遇与挑战并存的活动。然而，奥运会却曾一度因为资金问题而陷入尴尬境地。奥运会始于1896年，这个4年一度的全球体育盛会，由于其规模大、排场大，奢华、浪费总是成为其代名词。也因此，1984年以前的历届奥运会，几乎所有的主办国都无一例外地严重亏损，甚至导致国家经济萧条。1976年，加拿大蒙特利尔主办奥运会，亏损竟然高达10亿美元。1980年，莫斯科奥运会的债务更是一个大黑洞。直到1984年，美国洛杉矶奥运会由商界奇才尤伯罗斯接手主办，才首次创下了奥运史上巨额赢利的纪录。这是一个转折，尤伯罗斯将经济理论引入体育事业，用经济手段来操办这项体育赛事。他一手抓节流，一手抓开源，使得奥运会的收入远远高于开支。

在节流方面，他主要从两方面入手。一是，大力宣传支持奥运的光荣，因此吸引了大批志愿者，仅此一项便节省了数千万美元；二是，将现有的体育场馆加以全面利用，并把当地的3所大学宿舍作为奥运村，从而大大节省了建筑费用。

在开源上，尤伯罗斯更是出奇制胜。第一，他宣布出售奥运圣火接力权。圣火从希腊点燃后，在美国境内接力达15万公里，如果有谁想举着火炬跑上一程，就需要按照每公里3000美元的价格来付赞助费。同时，赞助商还可以在相应的区段做广告。于是，赞助费和广告收入达到45万美元。第二，关于赞助厂商，并非照单全收，而是限定其数量，提高单位赞助的金额，即每家赞助不得少于500万美元。经过一番精选，有几十家单位符合条件，而赞助款则高达1.17亿美元。第三，奥运转播做独家，如美国全国广播公司以2.25亿美元的价格购买了奥运会转播权。第四，不再沿袭广播电台免费转播奥运会比赛的惯例，而是以收费的形式，得款700万美元。第五，将奥运会吉祥物山姆鹰的标志作为商标出售，从而又挣得一笔高额收入。结果，尤伯罗斯向世人证明，奥运会并非是劳民伤财的活动，他只用了5亿美元便顺利地举办了奥运会，并且实现了赢利。

从此，世界经济史上出现了一个新的名词——奥运经济学。这无疑是一个奇迹，一个被誉为“惊世创意”且具有划时代意义的奇迹。尤伯罗斯的成功之所以产生了这么大的影响，就是因为他的观念新颖、做法独特！在此之前，举办被归入文化领域的体育盛会，无一例外都是亏本的。可是，一经引入经济学理论，便出现了奇迹。

尤伯罗斯在整个洛杉矶奥运会的策划与实施过程中都运用了新观

念及独创性思维。在他的眼中，体育也是商品，照样可以用经济手段来运作。在美国，劳动就有报酬，即使是父子之间，按劳取酬也是天经地义的，然而尤伯罗斯却仰仗着奥运会自身的无穷魅力吸引来上万名志愿者，从而节省了数千万美元的开支，这种将奥运会的无形资产转化为有形资产的做法可谓一大创举。按美国的社会习俗来说，人们几乎不敢想这些，但是在大家都不敢想或者都认为这太难的情况下，尤伯罗斯却轻而易举地办到了。另外，其他国家主办奥运会的时候，都是提前很长时间就开始建设比赛场馆和住宿楼，结果耗资建造好以后却使用不了几天，剩下的便是大笔的债务和大堆的麻烦。尤伯罗斯也看到了这一点，于是他一反常规，不再大兴土木，而是利用现有资源，实现最大限度的利用，这无疑也是一大创举。

尤伯罗斯实在是一位商界奇才。仔细想想他的一系列举措，但凡与奥运会有关的，无论是有形的还是无形的东西，一经他手，就都成了可以出售换钱的商品。在这之前，火炬接力与迎引，都要花钱雇请人员，宣传费用也不少，但是尤伯罗斯却将其改为民间火炬接力，同时利用沿途观赏者众多这一有利条件来吸引众多商家前来做广告宣传，但凡想借此机会扬名的，只要掏钱即可。能够把民众的围观现象当做商机，并用来卖钱，这样的头脑怎能不让人佩服呢！以前的奥运会吉祥物，向来都是为了扩大奥运会的影响而进行自我宣传的产品，是需要花钱制作的，结果到了尤伯罗斯手里，它一下子又具有了另一项更具价值的身份——知名度极高的商标，既然如此，能够卖个好价钱还有什么奇怪的呢?

别人认为不能省，并且从来没有省过的钱，你将其省下来；别人认为无法出售，且从未当做商品出售的物品，你也能成功地将其作为商品出售……这就是寻求突破、不因循守旧的新观念。一味地说老话、走老路，沿用老习惯，必定没有出路，甚至会碰壁，只有敢于选择以一种新观念去思考问题，去解决问题，才会有新发现、新创造。你想打开新财路吗？那么，现在就开始抛弃旧观念，选择新观念吧！

选择好点子，发现好商机

每一个人都希望自己能够富有，但多数人又一直在忙忙碌碌地做着普通人做的事情，他们不满于微薄的薪水，却又始终不去尝试改变处境。就这样，他们在沉湎中逐渐丧失创造性，进而错失良机。就算有了要去创造财富的想法，也找不到出路，因为创造性思维的匮乏使得他们的想法总是停留在一个表象的世界里。没有一个出其不意的好点子，就很难找到好商机。

在巴西的里约热内卢，有一个名叫布拉沃的年轻人，他的奇思妙想总是层出不穷。

一天，布拉沃去剧院观看纽约来的喜剧明星演出。当时，那个演员先讲了一个笑话，他的语言天赋再配上滑稽的表演，使台下观众笑得前仰后合。直到演出结束，众人散场，观众还在回味着那个令人开怀大笑的笑话以及滑稽的表演。

布拉沃同众人一样，也沉浸在对那个精彩节目的回味中。他觉得那个节目实在有趣，便反复琢磨这件事。他想，里约热内卢的人们一向以幽默著称，他们会幽默、懂幽默、喜欢幽默，假如可以用那些“笑话”来赚钱，即把笑话作为“商品”来卖，或许是个不错的点子。

有了这个念头后，布拉沃立即付诸行动。在进行了一番周详的调查分析后，他决定开展一项独一无二的业务，那就是创立一家笑话公司。经营方式就是通过电话服务的方式来为那些喜欢笑话的人提供他们所需的各种笑话。

于是，他想尽一切办法，搜集到世界各国出版的几百册笑话选集，并从中精心挑选出上万则精彩的笑话，而后按照不同的年龄段、不同的职业等将笑话进行分类，然后又特意聘请滑稽演员把这些笑话录制下来。最后一项工作是在电话上增设一个特制系统，备有专用电话号码，笑话爱好者只需拨打这个专用号码，就能听到那些令人捧腹的笑话。

当然了，用户每拨打一次电话就需要交付相应的费用。结果，布拉沃的这种独辟蹊径的业务一开张，就被广大听众所推崇，布拉沃本人也因此获得了巨额收入。当然了，布拉沃并没有满足于眼前这一点小成就，他又有了更好的点子。他积极拓展自己的业务，使得自己的笑话公司从最初的里约热内卢一个州拓展到整个巴西国内。短短几年时间，布拉沃的利润便达到了几千万美元。

对于每个人而言，追求成功的过程就像是读一本晦涩难懂的书，不同的是普通人读不懂，而那些有着卓越思维的人却能够读懂。于是，那些具有卓越思维的人便避开了“千军万马过独木桥”的竞争旋涡，他们不像大多数人那样追逐世人都感兴趣的某一件事情，而是把眼光瞄向市场的空缺之处，并且紧紧抓住有利时机，开创自己的事业。因为懂得选择好点子，所以那些另辟蹊径的人总是能从“硝烟四起”的竞争中寻找到属于自己的那一片天空。

在美国加利福尼亚州的萨克拉门托市住着一个非常聪明的年轻人，他无时无刻不在想着做一笔大生意，然而囊中羞涩的他只能从事小本经营的生意。但是，他并没有安于现状，在经营自己的小本生意的时候，他依然在想着如何做成自己的大生意。有一天，他终于想到了一个好点子。

他去一家非常有名的女性杂志刊登了一个“1美元商品”的广告。在广告中，他把自己所经营的产品的名称、种类以及特点都做了详细的介绍。在他所经营的商品中，约有20%的商品进货价格超出了1美元，约有60%的进货价格刚好是1美元。此广告一经刊出，大量的购物汇款便纷纷寄来。

这位年轻人几乎没花什么本钱，而事实上这种方法也不需要太多的本钱，只要客户汇款到账，他就用客户寄来的钱去厂家提货，然后再去邮局发货即可。刚开始时，由于汇款很多，他的亏损也逐渐多起来。但是，这位年轻人并不是一个傻瓜，他在给顾客寄1美元的商品的同时，还会在包裹中附带上20多种3美元以上和100美元以下的商品目录名单及各种商品的图解说明，外加一张空白汇款单。

从表面来看，这位年轻人在卖1美元商品方面亏损了，但是用这种小金额商品的亏损可以换来顾客们无价的信任。一旦信任之心建立起来，顾客便不再对他存有戒备，便会爽快地去买那些价钱较高的东西了。这不仅可以弥补当初售卖那些1美元商品所造成的亏损，还可以获取可观的利润。

短短几个月的时间里，年轻人的生意像滚雪球一样越做越大，这使得他的信心大大增强。一年后，他又创立了一家AB通信销售公司。

又过了三年，他的公司规模已经扩大到拥有几十名员工，销售额达到数千万美元的大公司了。

一个绝妙的好点子往往孕育着无限的商机，很多时候只要选择对了一个好点子，你就会得到意想不到的收获。当以一种独辟蹊径的方式来对待自己所面对的问题时，你可能就会成为那为数不多的成功者中的一员。

选择转弯，成就完美

人生之路总是风雨兼程，这是再正常不过的事情了。很多时候看起来是“山重水复疑无路”，其实只要适当的转弯，就会发现“柳暗花明又一村”。所谓的绝境，不是没有出路了，而是因为你不去寻找出路罢了。当你看到前面有堵墙的时候，别沮丧，它不是在告诉你无法前行了，而是在提醒你该转弯了。

19世纪中叶，美国加州传来了发现金矿的消息。许多人都认为机会千载难逢，为了发一笔大财，他们纷纷奔赴加州。16岁的小农夫比尔也加入到了这支庞大的淘金队伍中。

淘金梦是美丽的，但做这种梦的人太多了，并且人们还在源源不断地奔向加州，一时间加州遍地都是淘金者，如此一来，金子自然就难淘了。关键还不是金子难淘，更重要的是生活也越来越艰苦了。由于当地气候干燥，水源奇缺，一些淘金者不但没有圆致富梦，反而葬身异乡。

小比尔在经过一番努力后，也和大多数人一样，没有发现黄金，几乎要被饥渴折磨致死。一天，小比尔望着自己水袋中那一点点舍不得喝的水，听着周围人对加州缺乏水源的抱怨，突然想：淘金的希望实在是太渺茫了，还不如卖水呢！

于是，小比尔毅然放弃了对金矿的努力，把手中挖金矿的工具变成挖水渠的工具。他从远方把河水引入水池，然后用细纱过滤后使之成为清凉可口的饮用水，再用水桶挑到山谷中，一壶一壶地卖给那些淘金的人。

当时，还有人嘲笑小比尔，说他胸无大志，“千里迢迢来到这里，不挖金子发大财，却做起这种蝇头小利的小买卖，而做这种生意何必要跑到加州来呢？”面对嘲讽，小比尔毫不在意，也丝毫不为之所动，依然卖自己的水。他认为：到哪里找这样的好买卖啊！把几乎不需成本的水卖出去，除了此处，哪里还有这么好的市场呢？

结果，淘金者大都空手而归，而比尔却在很短的时间内靠卖水赚到了几千美元，这在当时可是一笔相当可观的巨款啊！

其实，无论做什么事情都没有特定的模式。当你追求的那条道路走不通时，就不要一条道走到黑了，转个弯，另辟蹊径，也许你就会像小比尔那样淘到真正的“黄金”。

俗话说：“识时务者为俊杰。”当狂风到来时，如果抵抗不了，何必还要硬撑英雄呢？那样只能落得被吹折刮断的下场，而这显然是不明智的。做人就是要低调，像小比尔那样，尽管不强大，但是有智慧。狂风来袭，不是自不量力地与之对抗，而是伏下身子，低头弯腰，适时转变，化险为夷。所以说，如果我们无法改变客观世界和周围环境，那就应该选择适时地改变自己。这是一种明智的选择，也是一种大智慧。

以理想为例，人有理想是好事，理想的意义也是无限的，但人不能光靠理想过日子。对年轻人来说，理想是远大的，也是现实的，在追求理想的道路上是执著前进，还是另辟蹊径，这些问题总会困扰着他们，以致茫然无措。有时盲目地坚持，只会让人一错再错。因此，路到尽头时，适时地转弯，或许会有新的景色。

李扬出国留学深造，学习从小就热爱的油画。可是，由于家里条件一般，昂贵的学费和生活费使他不得不在读书之余，花费大量的时间兼职赚钱。

同学看他很辛苦，便介绍了一份工作给他，是帮宾馆修剪草坪。这份工作与画画可谓大相径庭，不仅需要体力，而且剪草坪所用的剪子还会把手磨得粗糙不堪。开始时他很不情愿，因为他的梦想是当一名油画家。但现实是不由他个人的意志决定的，为了生活他只能接受这份单调而又枯燥的工作。

在国外的三年时间里，他就这样靠着帮各个宾馆修剪草坪赚取生活费。有一天，他一不小心剪坏了一块草皮，为了不被罚钱，他想了想决定发挥自己的特长，最后把这块草坪修成了一幅画的样子，没想到竟得到了人们的极力赞赏，他的薪酬也因此增加了一倍。慢慢地，他发现了修草坪这项工作的乐趣，由于结合了自己的绘画专业，因此他的生意越来越好，并且很快有了自己的小店。几年以后，他成立了自己的公司，这是一家专门帮人设计修剪草坪画的公司。

李扬最初对美术的执著追求让人敬佩，但如果当年他不去兼职，也许过不了多久就会坐吃山空，所学功课也会半途而废。可是，他懂得适时转变，而这正是他获得成功不可缺少的重要环节。

生活是不会一帆风顺的，这个道理尽人皆知，所以无论是顺境还是逆境，我们都要从容面对；无论获得还是失去，我们都要平静接受，这样才能算是一个有智慧的人。其实，很多人的成功之箭都射到了另外的靶心上，只是有些人及时发现了，而有些人却执迷不悟。

我们每个人的生活都会不时地遇到意外的侵袭，会遇到阻碍。原本你所设想的完美计划，突然被干扰、打断以至于无法继续进行下去的时候，你能够做出正确的选择吗？生活的挫折使人生的航向发生转变的时候，你要懂得学会适时改变，要知道这是一次新的机遇，因为就连上天也不能就此断定你已经走向失败。

生活从不相信眼泪，也不会同情弱者。社会就是这么一个现实的社会，“弱肉强食，适者生存”，你没有时间去哭，只有机会去改变自己。当遇到挫折、阻碍时，你应该凭着“可上九天揽明月，可下五洋捉鳖”的豪情勇往直前，去开拓自己的新思路，寻找适合自己的新出路。总之，无论做任何事情，当一条路走不通的时候，要学会适时转弯，这样才能成就你想要的成功。

第五章
放弃有时也是一种明智的选择

人生有坚持也有放弃，这与有得必有失是一个道理。很多时候，放弃也是一种权衡利弊之后的明智之选。因为只有放弃该放弃的，才能得到该得到的。

放弃一时的前进，是为了日后更好的前进；放弃眼前的利益，是为了日后更大的发展；放弃我行我素的个人主义，是为了赢得更好的人际关系；放弃居功自傲，是为了赢得更大的成功；放弃面子，是为了更好的生存；放弃“小我”，是为了成就“大我”，实现共赢；放弃对过去的回忆，是为了今后更好的生活；放弃爱错的人，是为了和正确的另一半相逢……总之，选择放弃并不是认输，而是一种以退为进的做事策略。

适时放弃，才能拥有更加美好的人生

人一生需要学习的东西有很多，小时候要学习走路、说话，长大了要学习文化知识，学习为人处世的道理。我们都知道坚持的重要性，但是很多时候“鱼和熊掌不能兼得”，因此在我们想要得到某些东西的时候，也要懂得放弃另外一些。并且，只有懂得放弃的人才能够更好地在现代社会中生存。

人的一生，需要放弃的东西有很多，如果不是自己想要拥有的，那么就要有勇气放弃。人生有所失才会有所得，只有学会了放弃，才能收获一份成熟，也才会拥有更加充实、坦然、轻松的生活。

有一个人，他被生活的重担压得苦不堪言，过得很不快乐。为了找到生活的快乐和希望，他专门去向一位德高望重的圣人请教。圣人给了他一只竹篓，让他背着竹篓捡石子，每走一步就捡一颗石子放进竹篓里。走到一百步的时候，他背上的竹篓已经放满了石子，压得他直不起腰来。这时候，圣人走到他跟前，一边把竹篓里的石子一颗一颗取出来，一边说：“这颗是功名，这颗是利禄，这颗是狭隘，这颗是抱怨，这颗是怨恨，这颗是计较……”当大部分石子被圣人取出来之后，他背上的竹篓轻了很多，他的腰也能直起来了。圣人又说：

“现在你可明白？你之所以生活得不快乐，是因为把很多东西都看得太重了。适当的放弃一些东西，你就会发现前路豁然开朗。”在圣人的指引下，这个人终于找到了自己长久以来一直闷闷不乐的原因，并开始了全新的快乐生活。

其实，每个人的背上都有一个竹篓，如果把功名利禄、金钱、身份等都放进自己的竹篓里，那么你自然会不堪重负，无法快乐起来。如果学会放弃这些东西，那么快乐就一定会回到你身边。上天对每个人都是公平的，你放弃一样东西，它就会赐予你另一件东西。倘若不愿意放弃晨光熹微，那么你就不会有机会看见晚霞的绚丽；倘若不愿放弃春天的鸟语花香，那么你就不会收获秋天的硕果累累和冬日的腊梅迎雪；倘若不愿放弃年少时无忧无虑的时光，那么你就不会获得震惊世人的辉煌成就……

我们都知道，如果紧紧抓住一样东西，坚决不肯放手，那么手中就只能拥有这一样东西。而如果肯将其放下，那就有机会去选择其他的东西。其实，人心也是如此，假如你固执己见，不肯放下心中背负的痛苦与愁怨，那么你的智慧与才能必将会受到限制。人生如戏，当我们在人生赌场上固执地下注，认为自己定能稳操胜券的时候，结果往往会是一无所获。因此，在生活不如意，工作不舒心，家庭不和睦的时候，应该把心放宽松一点，不要过于执著，学会放弃一些不必要的东西，否则，你只会让自己陷入困境，甚至走上绝路。

北宋时，佛印与苏东坡是故交好友。一天，他们正在船上把酒话禅，突然听到有人大声喊道：“有人落水自杀了！”佛印一听，马上就跳入水中，把那落水之人救上岸来。被救的人是一位年轻的少妇。

佛印向那少妇问道："你年纪轻轻，有什么事想不开的，为什么非要寻短见呢？"

少妇哭着说道："我成亲刚三年，丈夫就将我抛弃了，如今我的孩子也因病而亡。突然之间，我变得什么都没有了，你说我活在这个世上还有什么意思呢？"

佛印听后，接着又问："那你三年前是如何生活的？"

少妇的眼睛一亮，说道："三年前？那时，我还没有出嫁，一直过着无忧无虑、自由自在的日子。"

"那时，你有丈夫和孩子吗？"

"自然是没有了。"

"那你如今只不过是被命运送回到了三年前而已。所以，此后你的生活又可以变得无忧无虑、自由自在了。"

少妇揉揉自己哭红的眼睛，听着佛印的话若有所悟。随后，起身谢过佛印，便离去了。从此以后，那个少妇就再也没有寻过短见。

在这个故事中，我们看到那位少妇之所以要寻短见，是由于在进入婚姻生活后，她便固执地认为丈夫和孩子已经成为了自己生命的全部。而正是因为此，她才会在失去丈夫和孩子之后选择了自杀。然而，三年前，当还不曾拥有这些的时候，她不是一样活得舒心、快乐吗？所以说，失去的已经失去了，该放弃时就不要再紧抓不放，把经历过的一切就当成我们曾经的一次旅行，将心放宽，这样心中就没有任何放不下的了。

实际上，在很多情况下，放弃是一种解脱，也是一种量力而行。明明知道那是难以得到的东西，那又何必苦苦相求？明明知道已经超过了自己的能力范围，那又何必硬撑，一意孤行呢?

生活中，我们总是喜欢给自己加上额外的负荷，不肯轻易放下，自诩为“执著”。有的人执著于功名利禄，有的人执著于一份痛苦的感情，有的人执著于幻想的美梦，有的人执著于空想的追求，还有的人执著于各种欲望。等到光阴逝去，心灵失去了自由，我们才发现自己只剩下嗟叹人生的无为了。与之相反，那些成功人士却不为名利所动，他们专注于自己的事业，明事理，知进退，所以才能够取得非凡的成就。

爱因斯坦曾经收到过一封邀请他担任以色列总统的信函，然而他却拒绝了这一盛情邀请，放弃了这个令不少人羡慕的职位。他说：“我的整个一生都在同物质世界打交道，并且缺乏天生的才智，又缺乏处理行政事务的经验，所以我不适合这个职位。”爱因斯坦放弃了总统职位，一心专注于物质世界的研究，使他的人生价值实现了最大化，最终成为了一代科学巨匠，而这就是放弃的智慧。

什么都想抓着，什么都不想放弃的人，其实是最不珍视生命的人。人生长路漫漫，倘若一个人将人生所得全部背在身上，那么他的生活就会被牵绊、束缚，无法活出真我，无法获得幸福。过去的成就也好，失败也好，对于今天来说都毫无意义，要想拥有美好的现在和未来，就要勇于放弃过去。也就是说，表面上看起来的放弃，实际上意味着争取。放弃那些对自己并不重要的东西，才能够更有精力去追求那些对自己很重要的东西。

放弃不是消极的厌世，而是积极主动的争取。在现实生活中，总有很多人不愿意放弃自己已经拥有的东西，因为那些东西曾经给他带来过快乐，尽管如今已成为“食之无味的鸡肋”，但还是觉得“弃之可惜”。但是，我们应该明白，很多看似很好的事情，并非就一定是最适合自己的。

放弃是一种智慧的选择，它能让人高瞻远瞩，助人开创出另一番崭新的事业。学会放弃，不是年少轻狂的自我放逐，而是成熟之人的心灵解放。学会适时放弃是人生中必须懂得的智慧，也只有学会适时放弃，才能拥有更加美好的人生。

放弃该放弃的，才能得到该得到的

说到放弃，人们自然会想到丢弃、丢失一些东西。其实，放弃的意义并不止于此。因为，我们的精力和能力是有限的，不可能得到所有的自己想要得到的东西，因此我们就不得不放弃一些东西。放弃，是为了更好的得到；放弃一些不太好的东西，是为了得到更好的东西。只有懂得放弃的人，才能得到更好的东西。

在现实生活中，人总有数不清的烦恼，但大部分的烦恼都源于各种非分的欲望。欲望诱使人们想入非非、急功近利，原本纯净的心灵也因此被蒙上阴影，随之而来的便是越来越多的痛苦与忧烦。

当你在追逐名利的路上颠簸前行，为何不放慢脚步，将那些多余的包袱卸下，轻装前行。要知道，在现实生活中，适时放下不必要的负担才能够收获更多。人的一生是短暂的，在有限的生命旅途中，人就应该讲究高品质的“活法”，何必让自己活得过于劳累，让那些无谓的烦恼去折磨自己呢?

实际上，活得太累就是心累。命途多舛用不着夙夜忧叹，一帆风顺的人生本就不存在。不必因为领导一句斥责愤懑半天，今后用实际行动赢得领导的赞赏才是聪明之举；见到别人升官发财，也不必眼红嫉妒，立足当下尽力做好每件事情，为今后的晋升增加筹码才是智者所为。

人在有限的生命里，应该活得舒心，活得高兴，活得潇洒。太过争强好胜、贪得无厌、欲壑难填，只能让自己沦为生活的奴隶。钱财再多，地位再高，又有什么意义和乐趣呢？

要活得舒适，活得有趣味，就要知足，知道随遇而安。生活不是在演戏，用不着涂脂抹粉地去装扮自己，也用不着戴上“面具”和别人去演戏。想吃就吃，想喝就喝，虽然生活平淡，但是活得坦然，活得朴素，活得自然，而这才是生活的本来面目。

外面的世界充满了诱惑，心中有一些非分之想是难免的，心灵想要一尘不染更是不可能的。在人们汲汲于功名富贵时，适时将心中的杂念放下，倾听智者的教诲，让疲惫之心在涤荡中焕发新的生机，也能够使自己看轻得失，放弃本该放弃的东西。

三祖寺的宏行法师道德高深，有人曾拿着两只花瓶前往三祖寺拜见，向他求教。法师见到那人后，说道：“放下！”那个人听后，就把一只花瓶放在了地上。法师又说：“放下！”那个人又把另一只花瓶也放在了地上。接着，法师又说道：“放下！”那个人不解地问道：“法师，我已经将两只花瓶都放下了，现在两手已经没有任何东西可以放下了，您究竟让我放下什么呢？”

法师缓缓说道：“我想让你放下的不是那两只花瓶，而是你心中的杂念。杂念已经填满了你的内心，只有将这些东西放下，你才能摆脱生活的桎梏，理解生活的真谛，活出真正的自我。”

宏行法师接着说道：“‘放下’这两个字听起来容易，实际上做起来却很困难。有了地位，就放不下地位；有了财富，就放不下财富；有了欲念，就放不下欲念；有了妒忌，就放不下妒忌……在这个世界上，能够真正做到‘放下’的又有几人呢？”

的确，放下手中的花瓶很容易，但要放下心中的欲念却不那么简单。在生活中，我们会发现有些人活得闲适自在，而有的人则活得沉重压抑。这是为什么呢？就因为前者是拿得起，放得下；而后者拿得起，却放不下，所以他们才会一直生活在沉重、压抑之中。人生最重要的修行就是不仅要拿得起，还要放得下，只有放弃该放下的，才能得到该得到的。唯有如此，你才能够活得轻松自在，幸福也才会随之而来。

人们经常说：“拿得起，放得下。”其实，所谓的“拿得起”指的是人踌躇满志时的心态，“放得下”则是指人在遭遇挫折或者困难时应采取的态度。范仲淹说人应当“不以物喜，不以己悲”，心中一旦有了这种心境，就能看轻功名利禄，看淡荣辱得失，自然也就容易做到“放得下”了。

有一名运动员，曾经是奥运会金牌得主。他在事业正处于巅峰时却突然宣布退役，而那时他才刚刚28岁。他的这一决定令很多人疑惑不解，旁人都认为他是出现了什么问题，替他感到惋惜。事实上，这名奥运冠军早已感觉到自己运动的巅峰状态不会再出现了，而以前那种旺盛的求胜欲望也在迅速衰减，这才主动宣布退役，转而当了一名教练。

应该说，他的决定虽然看上去有无奈的成分，但从长远来看，这确是一种对自己更有利的选择。因为他在自己人生到达最高处时选择退出，让世人记住的永远是他那傲视群雄、摘取桂冠时的雄姿，这远比让大家看到自己英雄迟暮时的衰败样子要好得多。

在体育赛场上，你不可能永远是冠军。处于巅峰时，急流勇退是明智的选择。人生又何尝不是如此呢？所以，不要过于在意失去的荣誉与地位，那些只代表了你曾经取得的成就。做到一定的程度，适可而止，卸下多余的负担，应付前面更复杂的事情才能够更加自如，更加灵动，获得的也才能更多。

如果你想成为职场上游刃有余的优秀管理者，那么就应该学会放权给自己的下属；如果你想成为爱情里的幸福者，那么就应该放弃花花世界里的整片森林，只为他（她）这一棵树倾倒；如果你想成为生活中的强者，那么就应该放弃温暖的被窝、肥皂剧及游戏机……总之，只有放弃该放弃的，才能得到该得到的。

放弃前进，退却是为了更好地前行

有些人为了个人的功名利禄，便不顾一切地去冒险前行，但却忽略了贸然前行的危险性。有的时候前面是悬崖险坑，一旦跌下去就会粉身碎骨；有的时候前面是一道高墙，贸然前行只会撞得鼻青脸肿。这时候人们就需要适时选择退却。退却并非认输，恰恰相反，选择退却是为了更好地前进。若懂得以退为进，转个弯或者绕个路，你就会发现更为宽广的空间。

有位哲学家曾经说过，“凡事退一步，生命不退步。处世让一步为高，退步即进步的根本。凡事均有长有短、有阴有阳、有圆有缺、有利有弊、有胜有败，更何况是千变万化的人生。成功通常是成于最有耐心、耐力、耐烦者。”所谓“忍一时风平浪静，退一步海阔天空”也有这层意思。

确实如此，只有做到“忍得过，看得破；提得起，放得下”，凡事才能“静观皆自得”。因为忍得一时之气，才能海阔天空；因为海阔天空，才能从从容容。倘若你做得到“行到山穷处，坐看云起时”，以一颗平和的心来看待退让，那么这世间便没有什么事可以难住你了。

选择适时退却，放弃一些意气之争，并不意味着自己的软弱，而是体现自己对他人更多的包容、谅解及理解。在现实生活中，要想成就一番事业，必须要懂得谦恭礼让，必须要懂得以退为进。引擎利用后退的力量，可引发更大的动能；空气压缩的比例越低，越具爆破的威力；作战有时须迂回绕道，才可获得胜利。很多时候想要做成一件事情，就必须低头匍匐前进。

有一位数学博士毕业后开始找工作，起初他所应聘的公司都因为各种原因没有录用他。到底怎样才能找到合适自己的工作呢？思前想后，他决定收起所有学历证明，以一种没有学历的“最低身份”去求职。

很快，他被一家公司录用为程序输入员，这份工作对他来说简直是“用高射炮打蚊子”，但他仍然干得认认真真。后来，老板发现他的能力高于一般的程序输入员，因为他可以看出程序中的错误。这时，他向老板出示了他的学士证书，老板给他换了个与他专业对口的职位。

过了一段时间，老板发现他经常能提出许多独到的、有价值的建议，对他非常欣赏。这时，他又向老板出示了他的硕士证书，于是老板又提升了他。

又过了一段时间，老板觉得他是一个很有潜力的年轻人，于是与他进行了一次长谈。这时，他终于拿出了自己的博士证书。此时，老板已经对他的专业水平和工作能力有了全面认识，毫不犹豫地重用了他。

在这个故事中，数学博士以退为进、由低到高，最终靠自己的实力赢得了老板的赞许和认可，找到了可以实现自我价值的工作。这就是一个典型的以退为进，取得成功的例子。

有些先贤圣杰，从官场利禄之中退居后方，是为了再待机缘；有些能人异士隐居山林，是为了等待圣主仁君；有些胸怀大志的贤人志士隐于闹市“韬光养晦”，是为了养精蓄锐，待日后成就一番事业。

春秋时候，楚王的三儿子季札非常贤能，于是楚王要传位于他，而他却谦让道：“儿臣上有长兄，应该由长兄继位。”后来，他的长兄去世，因其贤能，国中大臣又再次举荐他为王，而他却说还有次兄。再后来，他的次兄也去世了，全国百姓又一致推举他，希望他可以出来执掌楚国。

而他却说“父死子继”，应该由故世的先王之子继任王位。因为选择退让，季札在历史上留下了贤能之名，一直被后人传颂。季札虽然让出了王位，却得到了贤名与万民的敬仰。可见，退让并不一定代表失败。

退让可能会让自己失去一些东西，但它也会给你带来另一些东西，而且很多时候退让是为了更好地前行，比如，在“退避三舍”的典故中，退让是为了日后更好地进攻。

古往今来，像这样的例子很多。三国时代，刘玄德深知太子刘禅无能，想要诸葛亮取而代之，可诸葛亮却谦让推辞了，因此他在历史上留下了忠臣之名；周公辅佐成王，他虽是长辈，却一直以臣下自居，因此得到“周公”的美名。可见，退让不是牺牲，所谓“失之东隅，收之桑榆”，有时以退为进，更能获得成功和美誉。

总之，以退为进是人生处世的最高哲理。人生追求的是圆满自在，如果一个人只知前进不懂后退，那么他的世界就不会圆满顺遂。而懂得“以退为进”的哲理，则可以使人们的生活提升到一个新的境界。因此，在为人处世中，无论做任何事情，都要懂得适时退却，因为适时退却是为了在未来更好、更快地前进。

放弃眼前利益，赢得长远发展

在教导中小投资者起步创业的时候，大多数投资专家都会说："抓住一切机遇，做大自己的事业。"但是，很少有人会教导投资者这一点，即使有些看上去很好的机会放在自己的面前，也要学会拒绝它，因为后面会有更好的机会。实际上，不光是创业投资，无论做任何事情都要谨记这一点，不为眼前利益所动，要从长远的发展来看问题。

"水饺皇后"臧健和的一生经历就为我们验证了这一点。

1977年，31岁的臧健和辞去了护士工作，带着两个年幼的女儿，踏上了赴泰国与丈夫团聚的路途。可到了泰国，臧健和怎么都没想到，丈夫已经在那里又娶妻生子了。臧健和无论如何也接受不了这样的事实，于是毅然带着两个女儿离开了泰国，来到了举目无亲的香港。那时候，她身上仅有几百元港币和几百元人民币，可谓穷困潦倒。

1978年，臧健和开始了她的"水饺"生涯。日子就在艰难中一天一天过着，值得欣慰的是臧健和的水饺受到越来越多人的喜爱，销量越来越好，"湾仔码头臧姑娘水饺"的名声渐渐地传了开来。同时，为了表明这是地道的中国水饺，臧健和还把自己的水饺叫做"北京水饺"。

随着水饺知名度的日益提高，一家日资百货公司的老板提出与臧健和合作的意愿，并承诺给她牌照开工厂。对于臧健和而言，这无疑是一个巨大的诱惑。不过，得知日本人的条件是要重新包装她的水饺，并作为日资百货公司的产品来卖后，臧健和断然拒绝了。

臧健和认为自己当时只是没有注册品牌、没有专利技术，但是在配方和销售渠道方面还是有优势的。当时，“湾仔码头”水饺已经很有名气了，每天都有很多人排队来吃。如果合资生产，把配方和销售渠道都交给了别人，这无异于被人抽走了底牌。于是，她坚持要在包装上保留“湾仔码头”的商标以及自己公司的地址、电话。

最终，那个日本老板基于“湾仔码头”水饺的魅力和臧健和的诚意，做出了让步。

今天，“湾仔码头”水饺早已不是街头小贩生产的食品了，而是从各大城市的超市、大卖场售出的包装精美的高档速冻食品。

从臧健和的经历我们可以看出，在选择机会时，要把握住哪个才是最好的时机，看清长远利益与眼前利益的差别，不要为一时的诱惑放弃未来的前途，也不能完全怀疑眼前发展的真实性，从而错过良机。

命运是公平的，会在你有所得的时候，让你失去一些东西，而关键是看你如何来取舍。也许，你丢弃一颗星星会得到一个月亮；也许，你捡了一粒芝麻却丢了一个西瓜。做事的时候，不仅要善于抓住机遇，还要懂得从长远角度看问题，选择那些有利于自己长远发展的机会。比尔·盖茨曾经说过，“在机遇即将与你擦身而过的时候，不要犹豫，不要计较得失，一举将它抓在自己的手中。”

眼前利益和长远利益相比，很显然，长远利益更重要一些。当这两者发生冲突的时候，必然要选择长远利益，因为只有放弃眼前的小利益，才能赢得长远的发展。

放弃我行我素，收获好人缘

大雁只有“合群”才能顺利地到达理想中的目的地，而掉队的大雁总是境遇悲惨，大多数情况下不可能飞得很高很远。人也是一样，只有使自己与周围的人保持良好的关系，融入到周围的社交环境中，才能飞得更高更远。如果你想在人生的天空中展翅高飞，那么就不要做那个离群的雁，以免让自己的前途受阻。

而拥有良好人际关系的第一步就是要适应环境。只有放弃我行我素，多和身边的人接触、交流，才能拥有好人缘。

安妮在短短的两个月时间内已经连续更换了四次工作，无奈中她只好去求助一位职业咨询师。

“第一家单位的老板太苛刻，脾气太坏，我忍受不了他那张严肃的脸，结果我一气之下就辞职了！”安妮不无遗憾地说，“不过那里的员工还不错。”

职业咨询师问：“第二家单位呢？”

“哦，我是一个相对安静的人，我不喜欢吵闹的环境，我上了一周的班，可是那个部门的人太活跃了，我受不了他们的笑声……”

咨询师笑了一下，接着问：“第三家是什么问题？”

“第三家单位我待得时间比较长，但是我反感在背后说别人坏话的人，我连续听到好几次别人背后说我清高，可是我不是那样的人，我的情绪受到了干扰，所以我想换个新的环境。”

“可是，我发现第四家单位的人更难以相处，虽然他们都很安静，但是我觉得似乎也太冷漠了，我去了两天竟然没有人拿正眼看过我……”

职业咨询师把身子向后仰去，说：“你的困难其实很好解决。你只需要明白，你要适应环境，而不是让环境适应你。你要尽量‘合群’，而不是把自己置于群体之外。”

任何一个社会环境中，都可能有苛刻的人，异常活跃的人，在背后抱怨的人，冷漠的人，甚至这几种人会同时存在，但是你所要做的只有“合群”。你要融进自己的生活环境中，你要适应周围人的生活习惯，因为只有这样，你才能和周围人很好地相处。

社会心理学家认为，人都有一种“从众心理”。这种心理在行为上表现为，一个人会模仿大多数人的行为；在认知观方面表现为，以多数人的意见为准则，对外界做出判断和评价。也就是说，那些“鹤立鸡群”，喜欢我行我素的人往往不能得到大多数人真正意义上的接纳。

因此，在人际交往中，一定要注意适当从众，融入周围的环境中，这样才能与他人相处融洽。具体来说，以下几方面是需要注意的。

第一，不要希望“鹤立鸡群”。我们应该在言行举止上表明自己的善意和坦白，并常常考虑对方的立场，言行与态度不要太过严肃或太注重形式，不要强调自己高人一等，或者摆出高高在上的姿态，尽量和他人打成一片。“我行我素”虽然可以让你显得很“特别”，但是也会使你被孤立，使你做事举步维艰。

第二，切忌锋芒毕露。比如，在公司里，要是你没事整天念叨“我要当老板”，“我要有自己的事业”，“我要实现自己的理想”……就很容易被同事看做异己，因为你把自己放在了同事的对立面上。如果不幸让老板知道，也会被他当做清理的对象。要知道，在办公室里大谈人生理想是不妥的，你公开自己的进取心，就等于公开向公司里的同事挑战。因此，做人低调一点，是保护自己的好方法。你的价值体现在做了多少事上，在该表现时表现，不该表现的时候就得韬光养晦。但凡能成大事的人，都不是能说大话的人。

第三，表现适可而止。如果你有才能，就应该表现出来，但要适可而止，否则易遭嫉妒。当你提出自己的建议之后，别人自然会判断此建议是否可行，而不接受人家的提醒且批评别人的意见，这样贬损他人而褒扬自己实在是下下之策。

第四，听听别人怎么说。诚恳地聆听他人的意见，亦是增进彼此间情谊的方法之一。莎士比亚曾说过，“对于他人的话，你若善意听之，那么将得到五倍的聪明。”如果你希望改善自己与他人之间的关系，那么就要承认对方的长处，而且时常表现出对方对你来说是非常重要的，让对方觉得被重视。

第五，对别人不妄加评论。即使对方炫耀自己的精明能干，你也千万不要轻易评价其是个骄傲、虚荣的家伙，而要尽量使自己远离嫉妒和诋毁，学会真诚的赞赏和学习他人。

第六，做个暂时的听众。如果对方有所抱怨，你不妨暂时充当听众，最好不要反驳或是加以附和，因为这样能够避免陷入人际纷争。

总之，无论做任何事情，都要切记：孤鹜虽然美丽，但群雁更加壮丽。想要飞得更远，就要学会借助雁群的力量，就要学会适当从众。如果你要的是事业的辉煌、人生的顺遂，那么就要懂得放弃我行我素，放弃“离群索居”。因为只有这样，你才能融入整个团队当中，也才能拥有好人缘。一个好汉三个帮，当你的人缘好起来了，你的人生之路才会顺遂起来。

放弃居功自傲，就是选择走向成功

唐代诗人杜荀鹤在《泾溪》中写道：“泾溪石险人兢慎，终岁不闻倾覆人。却是平流无石处，时时闻说有沉沦。”诗人深入浅出地为人们阐述了一个道理，那就是步入坦途不可忘乎所以，取得成绩时不可居功自傲、得意忘形。

如今的时代，社会分工越来越细，也越来越讲究团队合作，单凭某一个人的力量往往难成大事。无论你是老板还是员工都要明白这样一点：在获得荣誉或利益时，切忌沾沾自喜，独享最终成果，不要忘记“军功章”有你的一半，亦有他人的一半。

某公司举办每年一度的员工信念系统培训大会，参加培训的人员有几千名，作为筹备部门的人力资源部忙得不分昼夜。张桥是人力资源部的一名员工，负责大会上背景音乐的准备与播放工作。第一次做培训服务工作的张桥虽然激动不已，但心怀忐忑。激动的是此次培训是公司的大规模活动，无论策划、筹备以及培训都是自己长见识、学知识的好时候；忐忑的是张桥需要在培训大会上播放背景音乐，充当音乐师职务，这对会场气氛有着举足轻重的作用。如何才能做好此项工作呢？张桥决定向有经验的前辈一一请教。

面对新人诚恳的请教，担任过音乐师职务的同事们将注意事项及宝贵经验不遗余力地传授给了张桥，聪颖好学的张桥则参照同事们的经验总结改进，使自己的工作完成得相当出色。激情澎湃的进出场音乐、柔情舒缓的感恩会背景音乐及幽默诙谐的游戏音乐为整个培训会增添了不少风采。在培训大会结束时，董事长特意点名表扬了作为音乐师的张桥。不久，在日常工作中同样表现出色的张桥便被董事长直接提拔为他所在部门的经理。

初任经理的张桥没有骄傲自满，而是向无私传授给他经验的同事们致以最诚挚的感谢，并且真诚地对他们说："谢谢大家，没有你们的帮忙，就没有我的今天。在今后的工作中，我依然会以大家为榜样，并将大家作为我工作前行中的指明灯。"

张桥的做法无疑是明智的，他的晋升很大程度上得力于曾经帮助过他的同事。倘若他在晋升之后骄傲自满，摆出高高在上的姿态，那么当他再次需要帮助时，同事们一定会"袖手旁观"。反之，已经升为经理的张桥懂得饮水思源，诚恳地向同事们表达谢意，他的举动深深感动了帮助过他的人，如此一来，以后无论他在工作中遇到何种困难，相信这些同事依然会成为张桥强而有力的后盾。

在职场中，无论是对待上级还是下属，若都摆出一副"唯我独尊、天下第一"的面孔，处处自己为是、傲慢自大，那么你将在第一时间被大家清理出局。不管出于何种原因，与同事关系僵化，不能容忍别人的反对意见，即便自己有错也死不承认，自以为是地认为自己足够聪明与高超，不把任何人放在眼里的人是最最愚蠢的。

在生活中，那些居功自傲的人往往也是周围人所厌弃的。这种人往往很难和恋人、朋友、同事和睦相处，因为他们总以自我为中心。而被人们背弃的结果就是做事处处受阻，任何事都做不成。

有一天，萧伯纳应邀参加一个丰盛的晚宴。席间有一个青年在大文豪面前滔滔不绝地吹嘘自己的天才，好像自己天南海北样样通晓，大有不可一世的气概。起初，萧伯纳缄口不言，洗耳恭听。后来，越听越觉得不是滋味。最后，他终于忍不住了，便开口说道："年轻的朋友，只要我们两人联合起来，世界上的事情就无一不晓了。"那人惊愕地说："未必如此吧！"萧伯纳说："怎么不是？你是这样地精通世界万物，但却有一点欠缺，就是不知夸夸其谈会使丰盛的佳肴变得淡而无味，而我刚好明了这一点，咱俩合起来，岂不是无一不晓了吗？"

这则看似笑话的小故事蕴含着无限哲理。俗话说得好："人外有人，天外有天。"生活的大舞台是个藏龙卧虎、能人辈出的地方，自恃聪明、居功自傲的人只是在自掘坟墓，于无声中断送自己的前程。

相反，在复杂纷争的社会中懂得慎独、自重、自省，始终保持一颗谦虚感恩的心，懂得构建和谐人际关系的人，则是"得道者多助"。因此，每个人都应该时时保持头脑清醒，不在成绩面前自我陶醉、居功自傲，这样才能不断进步，最终有所作为。

放弃“小我”，实现合作双赢

丹麦的奥地肯公司一度是世界助听器行业的霸主。但是在1985年，奥地肯公司的市场占有率从15%跌至7%，在行业中的地位也落到了第三，排在西门子、飞利浦之后。

在这紧急时刻，拉斯·柯林德被任命为总裁。柯林德上任后做的第一件事情，就是对公司总部大楼进行了怪异的改建。每一个楼层都被改建成了一个敞开式的空间，没有独立的办公室。里面摆放了若干张办公桌，每张桌子上配置了相同的办公品，一台电脑、一部电话以及其他的办公用品。员工的位置不固定，可以使用任何一张桌子。

在这个“敞开式”的工作环境中，令人惊奇的事情发生了，员工们表现出了前所未有的协作精神和工作热情。不久，奥地肯公司又重新夺回了行业龙头的地位。

柯林德的这种方法正是社会心理学中的“社会促进效应”在具体工作中的应用。何谓社会促进效应呢？所谓社会促进效应是指当一个人做事时，如果有其他人在场，就会对他产生一种刺激，从而影响到他做事的结果，而这种影响大多数时候是积极的。美国社会心理学家特里普利特调查发现，自行车选手在有伙伴陪同的情况下，速度往往更快。

社会促进效应之所以能发生作用，有其心理学方面的原因。当别人在场时，别人变相会对自己产生一种刺激，使自己在潜意识中开始与对方竞争，渴望自己能表现出最优秀的一面，这种心态可以促成良好的行为表现。群体活动的竞争性刺激会在很大程度上激励个体，助长个体的操作动机，进而提高其工作效率。

适当地融入到团队之中，在别人的关注下工作，会大大提升自己的业绩。但是，群体增量效应也有其局限性，一个团队能否产生增量效应主要取决于团队成员的协作程度。如果个体不善于协作就会导致群体运作不当，从而产生有减无增的结果。因此，作为团队中的个体，我们必须要有协作的精神。

在现实生活中，众所周知，合作比不合作要好，但不合作、竞争，甚至恶性竞争的情况却屡屡发生。心理学家认为，人类有竞争的天性，每个人都希望自己是最强的、最好的，并且这种为了竞争而竞争的天性有时会凌驾于利益和理性之上，也就是心理学家所说的“竞争优势效应”。比如，在乘公共汽车时，如果我们能够排队依次上车就会快很多，而大多数时候却是众人一窝蜂地挤上前去，每个人都想先上车，结果每个人上车都不容易。由此看来，合作并不是自然发生的，而需要各方的共同努力才能促成。

其实，双方的力量对比影响着合作的可能性。一般说来，双方力量悬殊比较容易达成合作。因为，劣势的一方出于无奈而不得不和强者联手，以完成任务；而强势的一方由于弱势的一方太弱小，不足以让他产生竞争意识，而愿意与之合作。那么，如果双方实力相当，对彼此都具有强烈的竞争意识，应该怎样才能达成合作呢?

第一，要沟通。沟通越有效，合作的可能性也就越大。良好的沟通能够传达给对方合作的意向，消减彼此的竞争心理。

第二，注意挑选合作的对象。因为，一个人的性格在很大程度上影响着其采取合作还是竞争的选择结果。通常情况下，成就动机高、好强的人更容易选择竞争，而交往动机强、谦虚的人则更倾向于合作。

第三，要推崇“双赢”。合作的目的就是双赢，是让团体中每个人都得到成功。“双赢”的推崇能够很好地减少“竞争优先”所带来的负面影响。

绝对的“我”是不存在的，现实生活中只存在融入团体的“我”。由此，著名的心理学家卡尔·荣格提出过这样一个公式——我+团体=完整的我。换言之，绝对的“我”是不存在，也是不完整的，只有当“我”融入了团体中，和他人积极合作起来，才会拥有完整的“我”，才能实现优势互补，成就更卓越的事业。

总之，倘若想成就“大我”，就必须拥有放弃“小我”的精神，因为只有将“小我”融进“大我”之中，才能真正发挥出自己的实力，也才能万事有所成。

放弃过去的回忆，才能拥有美好的未来

人们都想拥有平安、欢乐及幸福，但这些不是轻易就能实现的。忘记过去的愁苦、悲伤、幽怨以及愤恨，激情饱满地面对现在和将来，这样才能获得快乐，享受美好人生。

在现实生活中，有些人常常因为以前的错误和过失不停地自我埋怨，自我谴责，致使内心充满了痛苦、内疚及懊恼。这种不良情绪一旦得不到化解，就会使人精神颓废，甚至失去对生活的信心。因此，我们要学会控制这些负面的情绪，不能让它们妨碍自己的身心健康及追求美好明天的信念。只有放弃对过去的回忆，才能以全新的姿态迎接美好的未来。

台湾作家刘墉曾经说过，“我们可以转身，但是不必回头，即使有一天，发现自己错了，也应该转身，大步朝着对的方向去，而不是一直回头埋怨自己错了。人生路，不回头。”当我们用今天的眼光与标准来评判以往的事物时，就会发现其中有些错误和过失还有补救的可能，但更多的则是难以弥补了。假如我们成天生活在后悔与遗憾中，痛苦、内疚及懊恼定然会占据自己的全部心灵，使得内心饱受煎熬。

不要慨叹、悔恨自己已经失去的，忘掉该忘记的，珍惜自己现在所拥有的，把握住现在的一切，那么你的生活在下一次定然会发生改变。

一位有着丰富临床经验的精神病医生在退休后编写了一本专门医治心理疾病的著作，这本一千多页的书籍中记载了各种病情及其治疗办法。

一次，他接受邀请去一所大学讲学。在课堂上，他指着这本著作向台下的听众说道："这本书有一千多页，有三千多种治疗方法并描述了一千多种药物。但所有的内容就只有这两个词——如果、下次。"

他指出，造成人们精神消损与折磨的全是"如果"这两个字，比如"如果我再提前几分钟开展工作"、"如果我能当机立断做好这件事"、"如果我没有这个失误"……治疗精神疾病的方法有千种万种，然而最好的办法却只有一种，那就是将"如果"改成"下次"，比如"下次我不会放弃这种机会"、"下次我肯定会早到的"……

人们都希望万事顺利，然而世事变化难测，谁也无法避免经历逆境。身处逆境并不要紧，关键的是要以积极的心态去面对逆境，勇敢战胜困难，走出逆境；然后，总结经验教训，并引以为戒。悔恨不能总是萦绕于心中，因为一切伤感、悔恨都不能改变现状，只是徒增心里的负担罢了。假如一直背负着沉重的包袱，为往事伤感不已，那样不仅精神会遭受折磨与消损，大好光阴也会被白白地浪费掉。一味沉溺于过去的回忆，就等于放弃了现在与将来。因此，要想获得快乐和幸福，就要勇敢选择放弃过去，忘记那些不愉快的事情。

莎士比亚说过，"明智的人永远不会坐在那里为他们的损失而悲伤，却会很高兴地去找出办法来弥补他们的伤痕。”在现实生活中，我们并不缺少历练与成长的机会，危机中往往也潜藏着很多机会。

杰克·邓普赛曾是一名重量级拳王。一次拳击比赛中，在进行到第十回合时，他就已经体力不支了。他的脸被打肿了，两只眼睛根本就睁不开。不久，他看见裁判员举起对手的手。这时，他意识到自己已经不再是世界拳王了。此后，杰克·邓普赛虽然又进行了几场比赛，但仍旧无济于事，他感到自己的拳击生涯已经彻底结束了。

这对杰克·邓普赛来说是一个异常沉重的打击。昔日的荣誉和地位一下子都没有了，他感觉自己已经坠入了万丈深渊之中。然而，当意识到自己情绪空前低落时，他觉得不能让自己永远生活在这种状态中，一定要承受住这次打击，不管怎样也不能让这个打击再把自己打倒。

不久之后，杰克·邓普赛在百老汇开设了一家餐厅和一家旅馆，积极安排、宣传各项拳击比赛，并且举办有关拳赛的各种展览活动。他让自己忙于新事业，以至于根本没有时间再去为过去的失败而烦恼。他说：“这几年的生活，比我当世界拳王时的生活还要充实、美好。”

有竞争的地方就会有成败，然而“成败乃兵家常事”，无论做什么事情都难保不会有失败的一天。当杰克·邓普赛失去拳王的荣誉和地位之后，他曾经的辉煌只会随着时光的流逝而变成历史，而未来则是一段完全不同的旅程，假如背负着失落、颓丧的包袱上路前行，他就会走得很艰难，也很疲惫，甚至有可能在痛苦、悔恨中迷失自己。庆幸的是，他及时调整了自己的生活重心，选择忘记过去的辉煌和失败，重新启程，这才使得他获得了美好的生活。

悔恨过去，失掉的是现在；失掉了现在，就不会有未来。为误了头一班列车而懊悔不已的人，肯定还会错过下一班列车。因此，如果你希望自己在人生的不同阶段都有所成就，都能幸福、快乐，那么就要忘记以往的失败与成功、失落与辉煌，不要懊恼，也不要悔恨，将目光始终锁定在光明的前方。

放弃错的爱情，才能得到幸福

在电影《卧虎藏龙》中有这样的一句对白，“我的师父常说，把手握紧，里面什么也没有，把手放开，你得到的会是一切。”生活不是一帆风顺的，在很多情况下，我们都需要学会放手，放手不代表对生活已经失去了信心，相反，它很有可能成为人生中的一个契机，一个开始全新生活的契机。

在爱情面前，人的理性显得苍白无力，只有感性的认识在风花雪月里翩翩起舞。这种美好的感觉让很多人执著地追逐着自己所谓的爱情，在青春不断流逝的岁月中，即便是一个错误的相遇，他们也愿意为之坚守。并且，为了实现这个完美的梦，他们在原本错误的感情里争吵、哭泣，忍受着背叛，一次次违心的原谅对方。

也许有人会感到疑惑，“爱情应该是美好的，是幸福的，为什么我坚守的爱情如此破碎，而我想要的幸福又得不到呢？”其实，原因很简单，或许你只是在一个错误的时间里爱上了一个错误的人，而你又固执地不肯放手。

生活中总会有这样一些人，他们为了能与自己所喜欢的人在一起，不惜使用各种办法，想借以将爱人留住。或许，这些方法能够留住爱人的人，然而却难以留住爱人的心。

男人十分爱他的妻子，然而男人却喜欢凡事都管着自己的妻子。时间一长，他的妻子觉得自己没有一丝自由的私人空间，于是就总想逃离这个家庭。当男人发觉妻子移情别恋时，妻子早已经决心要与他摊牌离婚了。

面对这突如其来的背叛与打击，男人确实有点儿不知所措。他想要听听旁人的意见，再做决定。于是，他把自己的所思所想都告诉了自己的朋友。得知此事后，朋友们全都愤愤不平。“离婚？哪有那么简单？这不便宜了她？”“这样的女人，要好好教训她！”“她居然敢背叛你，凭你的条件，也找个女人气气她。”

相对于那些从小玩到大的朋友，他的那些大学同学和现在的同事要理智一些，观念自然也开明得多。他们都觉得他的妻子聪明、漂亮。“你如果真爱她，那不妨成全她。她在心里也定然会感激你的，珍藏你们曾有的感情，说不定还会后悔与你分手。”“天涯何处无芳草，凭你的条件，好女人招之即来。”

男人也是个明白事理的人，在听取了朋友与同事的意见后，他决定跟自己的妻子潇洒地道一声“再见”，然后再以自己一贯的处世风格重新开始自己的生活。他觉得爱情不仅要拿得起，还要放得下，如果真爱一个人，就是要让对方获得幸福，并且，妻子在自己的心里是没有任何东西可以替代的。

最终，他将自己的意思告诉了妻子，泪流满面的妻子反而决定留下来。之所以留下来，是因为她忽然意识到这样一个男人的爱也是无可替代的。

男人由于将自己的妻子管得太紧，所以差点儿失去了一份爱情。然而，放手之间却将这份爱情挽救了回来。可见，对于爱情，我们要看得开，要懂得适时地放下。只有在适当的时间学会放手，才会在未来的道路上获得一份真正的爱情。当你与他(她)在一起时，是否会因为太在乎，让他(她)感到私人空间被严重束缚，压抑得喘不过来气，难以做自己想做和应该做的事情？是否让自己感到心累，觉得为爱付出的太多，甚至失去了原先的自我呢？倘若真是这样，你就应该将紧握的双手放开，给爱情一个吸收养分的机会。

很多时候，人们对爱情里的“专情”称赞有加，然而这种专情并不是让你纠缠在一份错误的爱情之上。若一个人并不能带给你快乐与幸福，他（她）带给你的只是伤痛与背叛，这就预示着你正在进行着一场错误的爱情，你与他（她）的相遇与相恋或许就是一个错误，苦苦挽留才得以存在的爱情是十分不值得的。所以，要想与合适的人相爱，就要果断放弃原先不合适的人。

很久之前，男孩与女孩做了一个小测验，假如把钱包、钥匙及电话本这三样东西同时掉了，你最紧张的是哪一样？女孩选择了电话本，而男孩则选择了钥匙。测验的答案是：女孩属于怀旧的人，男孩则是一个现实的人。

后来，男孩与女孩分手了。女孩果真如测试结果一样总被过去的那段感情困扰，她和男孩曾经的那段爱情到现在还令她难以忘怀，而如今的男孩却早已为人夫、为人父。女孩将自己的心始终停留在过去的回忆中，并一直悔恨自己当初为什么不能坚持到底。在这种自责和留恋的情绪中，她将一个又一个很好的男孩错过了。

可见，不能适时地放弃曾经的感情，心中便无法面对和接受现在的感情。就像故事中的女孩一样，生活中很多人深陷于“鸡肋”般的感情里，不想放手却又感觉味同嚼蜡，想放手又有些难以割舍。其实，与其把一个将来和自己毫无关系的人装在心里，还不如清空自己的心房，让真正关心、呵护自己的人住进来。

在现实生活中，我们总会有遗憾。也正由于存在着遗憾，我们对未来才会有所期待，期待着未来能够将我们的愿望实现，期待着未来不再有遗憾。就像断臂的维纳斯雕像一样，它虽然有着残缺，但正是这份残缺才使它充满了令人遐想的魅力，让人感觉它是如此的美，这也正是维纳斯雕像得以为世人所尊崇的原因。

如果不懂得放弃本不属于自己的东西，就不会珍惜身边的美好事物，那么结果可能什么都得不到。只有适时选择执著和放弃，凡事不过于强求，顺其自然，那么你在不经意间就能找到真正适合自己的美好事物。

一个人只有能够准确地判断出错误的、不属于自己的事物，然后果断放弃，才能拥有幸福、快乐的生活。所以，知道取舍的杨澜才能拥有美好的生活和成功的人生。

实际上，在生活、事业或爱情中，我们都有很多东西需要自己去识别和判断，对于错误的东西就要勇敢地割舍并放弃，这样才能得到更好地发展。倘若一味姑息，错误就很可能将你的视野挡住，使你无法正确面对现实，以致受到各方面的纠缠和困扰。

在漫漫人生路上，爱情是一道永远亮丽的风景。我们总是渴望爱能够没有阻隔，感情能够温馨浪漫。倘若你的爱情有了暗礁，你与对方完全没有了感情，甚至于已经无法挽回这份感情，在这种情况下，放手也是一种幸福。学会放手，善待彼此，是为了让两人以后的路走得更好，同时也给双方重新寻找幸福的机会。相互结合是幸福的一个起点，而放手则是幸福的另一个起点，这正如梁静茹所唱的那样“放弃错的，才能和对的相逢”。

下篇　做人轻得失

第六章
得失心不能太重

做人有得必有失，有失必有得。要想得到一些东西，就要舍得失去一些东西。只是，一定要把握好得失之间的关系，不要把得到与失去的位置颠倒了，到时候搞得得不偿失，那就麻烦了。

人生在世，有些不如意是在所难免的。然而，得也好，失也罢，这些身外之物并不能真正改变一个人的命运，与其在意身外之物的得失，不如将精力放在自我修炼上面。做人得失心不必太重，正如那句话所言，“失去的当礼物，眼前的叫幸福。”当懂得了得失之间的人生智慧，你就会发现个人的得失真的并不重要。

得失之间的人生智慧

人生在世，有得必有失，有失必有得。得也好，失也好，都不必过于纠结。很多时候，今日的失去必定会在日后重新获得，甚至会得到比今日更重要的东西。正如许多表面上看来是收获的东西，最后却导致了巨大的损失一样，同样，大量表面上看来是损失的东西，最后却能收获很大的好处。真正懂得得失关系的人，不会被假象所诱惑，他会利用暂时的舍弃来换得更大、更长远的发展。

很久之前，在长城外面的一个村庄，住着一个老翁，他有个特别喜欢骑马的儿子。

有一天，老翁家的一匹马跑到了塞外的大草原里。这时候，乡亲们都替他感到可惜，怕他受不了这个打击，都过来劝慰他：“你丢失了一匹好马，这真是一笔大损失。但你一定要想开点，保重身体更重要。”没想到，老翁却十分平和地说：“没关系的，丢失骏马固然是一笔大损失，但说不定这会成为一件好事。”

果真是“老马识途”，过了一些日子，那匹马奇迹般地跑了回来，并且还领来了一匹良马。众乡亲听到这一消息，都前来道喜。这时候，老翁又意味深长地说：“谁知道这会不会成为一件坏事呢？”

家里又多了一匹骏马，老翁的儿子很高兴，于是天天骑着它出去玩。有一次，老翁的儿子骑得太快，一不小心从马背上摔了下来，把腿摔断了。众乡亲知道后，便都来看望、安慰他。这时，站在一旁的老翁不紧不慢地说："谁知道这会不会成为一件好事呢？"大家听了都不理解这句话是什么意思。

又过了一年，北方的部落大肆入侵塞内，强壮的青年男子都被抓去当兵了，这些被抓的人十有八九都死在了战场上。而老翁的儿子则由于跛脚未上前线，保住了一条性命。

这就是"塞翁失马，焉知非福"的典故，意在告诉大家，得与失在一定条件下可以互相转化。同时，还告诉大家，对所有事情要能够想得开、看得透，要以顺其自然的平和心态把握得失。

第二次世界大战的滚滚硝烟刚刚散尽，以美、中、英、法为首的战胜国经过几次磋商，决定在美国纽约建立一个协调处理世界各国事务的机构。但是，在一切准备就绪之后，大家才突然发现，这个世界性的机构居然没有自己的立足之地。

买一块地皮是不现实的，因为刚刚成立的联合国机构还身无分文。让世界各国筹资也不太好，牌子刚刚挂起，就要在世界各国搞"摊派"，负面影响太大，而且刚刚经历了战争的浩劫，各国国库都很空虚，甚至许多国家财政赤字一直居高不下，在寸土寸金的纽约筹资买下一块地皮并不是一件简单的事情。联合国机构对此一筹莫展。

知道这一消息后，美国著名的家族财团洛克菲勒家族经过商议，毅然出资870万美元，在纽约买下一块土地，并将这块土地无偿地赠予了这个才挂牌的国际性机构——联合国。同时，洛克菲勒家族还将连接着这块地的大面积土地也都全部买下。

对于洛克菲勒家族的这一出人意料的举动，当时许多美国大财团都觉得吃惊。870万美元，无论对于战后经济萎靡不振的美国还是世界各国，都是一笔不小的数目。而洛克菲勒家族却将这笔钱捐出去了，而且什么条件也没有。这条消息传出后，美国很多财团和地产商都嘲笑着说："这简直是愚蠢的举动！"并且，纷纷断言："只要这样经营，不用10年，著名的洛克菲勒家族就会破产！"

但令人感到意外的是，联合国大楼刚刚完工，它四周的地价就飙升起来，总价相当于洛克菲勒家族所捐赠的数十倍。这种结果，令那些曾经讥讽过洛克菲勒家族捐赠行为的财团和地产商目瞪口呆。

从上面的例子可以看出，得和失本来就是一对孪生姐妹，它们如影随形。失去870万美元，却让数十倍的巨额财富源源不绝地流进了洛克菲勒家族的腰包，可谓舍小得大。洛克菲勒家族的这一行为不仅支持了联合国，还赚来了巨额财富，可谓一举两得。

"失"对每一个人来说，都是一个痛苦的过程，因为要做出牺牲，还因为"失"预示着永远不再拥有。

能不能把握住"得"与"失"之间的平衡对每一个人来说都相当重要。如果不想"失"，而只想拥有一切，那么你将一无所获。

如果不放弃繁华处的热闹，就没有办法享受花前月下的浪漫……生活给予每个人的都是一座丰富的宝库，但是你必须懂得正确把握"得"与"失"之间的平衡，选择适合自己的东西，否则，你的一生将一无所获。

失去正是另一种拥有的开始

世事无常，在人生前行的路上，我们总会失去些什么，这是我们无法改变的。失去会让我们痛苦，让我们不知所措。其实，有时不是失去阻碍了我们前进的脚步，是我们自己被自己束缚住了。大多数的时候，我们失去的都是身外之物，只要身上的潜力还在，并且善于抓住和利用机会，就能将失去的重新弥补回来。

人本来就生活在得失之间。很多时候，失去正是拥有的开始，而拥有也是失去的开始，无法彻底分清。失去之所以会让我们痛苦，是因为我们习惯于拥有的状态，而且拥有的越多，就越是贪心。

一些人生活的不快乐，并不是因为他们人生道路上的不幸太多，而是因为他们仅仅把目光锁定在自己的不幸上，以致忽视了幸运的事情。其实，我们还拥有很多的幸运，旧的不去，新的不来，正是因为失去了“东隅”，才有机会得到“桑榆”。多看自己得到的，就能坦然接受失去的那一小部分了。

有一户十分贫穷的人家，丈夫靠着租来的一点地每日辛苦地劳作，一年下来，除去租金，基本上只够解决夫妻二人的温饱。妻子则在家缝缝补补以添补家用。

一天，两位仙女来到这户人家，夫妻俩把仅有的一点食物拿出来款待客人，然后又让出自己的床铺给他们睡。第二天一早，仙女发现夫妻俩正在哭泣——他们用来养家的耕牛死了。

于是，一位仙女便问另一位比较资深的仙女说："他们对我们这么好，你为何不用法力阻止他们那头牛的死亡呢？"

资深的仙女回答说："其实，昨天晚上，死神是来召唤男主人的，我让耕牛代替了他。"

仙女走到那对伤心的夫妇跟前，说："你们虽然失去了一头牛，可是你们人还健在，这是值得庆幸的，况且你们的庄稼长势很好。虽然你们的钱不多，但却拥有健康的身体。所以，一定要珍惜，失去也是拥有的开始。"

不要只看到自己失去的，因为在很多时候，失去也意味着另一种拥有。这正如上面的故事中所说的那样，因为失去了耕牛，才保全了丈夫的生命，而失去的和拥有的相比不过是九牛一毛。一个人只有满足于自己所拥有的一切，才可以保持自己宁静、与世无争的心态，也才可以活得坦然。很多时候，上天让我们失去一些，恰恰是为了让我们更加珍惜现在的一切！

如果你因为没有房子、车子、票子而痛苦，不妨想想，自己有一个健康的身体、一位体贴的丈夫或妻子、一个可爱的孩子、一份稳定的工作……难道这些还不足以让你感觉幸福吗？如果你因为没有姣好的外貌、傲人的身材以及体面的出身而抱怨，不妨想想，自己还有爱你如生命的父母、一群志同道合的朋友、一个相貌平凡但是真心爱你的未婚夫……难道这些还不足以让你感恩生命吗？如果你因为没有充裕的物质生活和高品质的精神生活而烦恼，不妨想想：你能够三餐不愁，冷了有暖气，热了有空调……难道这还不足以让你珍惜自己当下的生活吗？

面对失去，多想想自己已经拥有的，你就会觉得自己还是幸福且幸运的。也许，命运确实夺走了你很多东西，但是，比起你拥有的东西，失去的只是很少的一部分。而且，从另一个角度看，失去意味着另一种开始。虽然，你可能失去了很多，但却并没有失去一切。只要你没有失去聪明智慧，没有失去生命，没有失去生活的希望，一切都可以重新开始，一切也都会重新回到你身边，甚至比以前更好。

张林大学毕业后，进入一家大公司上班。由于踏实肯干，业绩突出，各方面的能力也都不错，两年后，他就被提拔到了市场部经理的位置。

天有不测风云，金融风暴转眼之间刮遍了全球，张林所在的公司自然也受到影响，公司出于战略考虑，撤销了市场部，张林的经理职务也随之没有了，一夜之间，张林又成了一名普通的业务员。张林一时无法接受这一现实，心情沮丧到了极点，工作起来也全然没有了以前的干劲。

总经理看透了张林的心理，他想着，一定要把张林的心病解决掉。于是，总经理找了一个周末约张林去爬山。

平时忙于工作，已经好长时间没有爬山了。因此，两个人爬到山顶已是气喘吁吁。站在山顶上，总经理指着远处的一座高山问道：“这座山和对面那座山，哪个更高？”

“当然是对面那座山了。”

“那么我们现在怎么才能到达那座山的山顶上呢？”

张林怔了一下：“先从这座山下去，再上那座山。”

总经理笑了："对呀，有时候人往低处走不一定是坏事，只有到达山脚，才能开始攀登下一座山啊，站在最低处，只是另一次攀登的开始！你说呢？"

张林恍然大悟，明白了总经理为什么会在百忙之中抽出时间约自己爬山，也感激总经理的一番良苦用心。

失去并不意味着一无所有，失去只是另一段人生的重新开始。如果我们认为自己失去了一切，就会意志消沉，把人生过得灰暗颓废。人生起起浮浮，跌到谷底之后就会上升，只要我们不放弃，就能继续迎来下一个高峰。

2008年的汶川地震，多少人失去了家、亲人、财物，甚至是健全的身体。但是，那些坚强的人们依然勇敢地活了下来。正是因为经历了这样一次百年一遇的灾难，才让他们明白了生命的宝贵。在他们心中，只要生命还在，一切都还有希望。只要还活着，他们就能把自己的家园建设得比原来更加美好。

而相对于自然灾害，金融危机给人带来的灾难就显得轻薄了许多。我们可能因此失去了一些财富和地位，但这也正给了我们积蓄力量、再次往前冲的时间和机会。在挫折过后，我们还拥有很多东西，靠着自己的努力，当机会再次来临时，我们一定能够爬上一座更高的山。

假如因为不幸，你失去了金钱、工作或地位，不必气恼。这些身外之物，生不带来死不带去，即使都失去了，你不是还拥有宝贵的生命吗？忘记现在的失去，要知道路没有走到尽头的那天，一切都还有机会，而一切的机会又都在我们手中。

总之，失去是成功前所投入的资本，是成功的前奏，是另一种拥有的开始。

得失之间，不失平常心

正是酷暑时候，禅院中的草地有一片枯萎了。“赶紧撒些草籽吧，这实在太难看了。”徒弟说。“过段时间不那么热了再说吧！”师父说，“随性！”

秋天的时候，师父买了一大包草籽，命弟子去洒在禅院内。突然，刮起一阵风，草籽被风刮得到处飞。“糟糕，风吹走了好多草籽。”小和尚急忙大喊。“不要紧，被风刮去的草籽多半是空的，即使撒了也发不了芽。”师父说，“随风！”

草籽刚撒完，几只小鸟飞来啄食，小和尚又气又急。“不要紧，本来准备的草籽就多，这些鸟是吃不完的。”师父翻着经书没有停，“随遇！”

半夜里下大雨了，弟子急急忙忙地告诉师傅：“坏了，草籽肯定被冲走了。”“冲到哪儿，就在哪儿发芽。”师父正在打坐，动也没动一下，“随缘！”

半个月之后，光秃秃的禅院露出点点青草，就连当初没撒籽的地方也泛出绿意，弟子乐得手舞足蹈。师父信步踱到院子里，点点头说道："随喜。"

人们生活在这个世界上，最大的威胁并不是自己缺乏足够的能力或机会，而是当周围的环境和个人的得失发生变化时，人们无法合理地控制自己的情绪，进而做出一些违背客观实际的过激行为。禅师的这份平常心，乍看是随意，其实是一种看破红尘后的恬静淡然。

为什么当外部环境和个人得失发生变化时，不少人的心情会变得浮躁、得意、狂喜、傲慢、迷茫、不安、沮丧、焦虑、恐惧甚至绝望呢？这是因为，在他们尚未涉世时，受到了狭隘、自私等负面价值观的影响，使他们的得失心变得非常重。怀有伟大的理想和抱负，有利于帮助一个人成就伟大的事业；但若是怀有一颗平常心，那么事情的结局可能会更好。因为，当一个人心无旁骛的时候，他所能发挥的能量是最大的。

也许，一般人很难如佛家高僧那样达到那种心无旁骛、淡然处之的境界，但至少可以做到让自己在面对人生得失时保持冷静，成功时不会忘乎所以，失败时也不会灰心丧气，用平常心来看待生活中的一切得失、成败。

王楠是我国著名的乒乓球运动员，她的运动生命之所以能够保持很长时间，其中一个重要原因就是她始终怀有一颗平常心。对王楠来说，在乒乓球比赛中，有输有赢是非常正常的事情，天下没有永远赢的人，也没有永远输的人。她认为在比赛的时候，最重要的就是调整好自己的心态，以淡然平和的心看待比赛的得失。尤其是乒乓球这种对抗性比赛，如果心态摆不好，很容易影响正常发挥，以至功败垂成。

在第45届世界乒乓球赛女子单打决赛中，王楠在最初的几局接连失利，看台下的球迷都有点慌了，但是王楠却没有丝毫惊慌失措的表现。因为，她拥有异于常人的超强心理素质——一颗平常心，能够淡然看待比赛中的失利。正是由于有超强的心理素质做后盾，在最后三局比赛中，她将自己的正常水平出色地发挥了出来，连胜三局，并最终摘得女子单打世界冠军的桂冠。

假如一个人果真能保持平常心，不那么过于看重名利，遵守自然的法则，对自己能力范围之内的所有事情都抱着认真踏实的态度，坦然面对，适应周围环境，彼此协调发展，那么无论环境怎么改变，他都不会因此而过悲或过喜。

在现实生活中，不少人做事情，往往会无意识地想到其最终可能的结果，过分关注其中的得失，使自己置身于烦恼之中而不能自拔。其实，只要得失心不要太重，烦恼自然就会远离人们。如果你想要拥有快乐，那么就一定要牢记：无论世界上有多少不美好的事，只要怀有一颗赤子之心，真心实意地热爱生活，你就可以在平淡中发现很多美好，发现很多人性魅力的光芒。

大千世界，得与失原本就是密不可分的。生命在一点点凝聚的同时，也在分分秒秒地消逝。当人们手握青春之时，已经挥手向快乐的童年告别；当人们左右逢源之时，锐气和坦荡已经远离；当人们享受午间暖暖的阳光时，必然要告别宝贵的晨光；当人们享受都市充裕的物质生活时，必然要离开悠闲的田园生活……人生有得必有失，万事没有周全的。

坦然面对成败输赢，得到了不要太高兴，失去了则不要过于悲伤；不要过分关注得失，以微笑来应对生活中的不如意；不与他人进行比较，不羡慕嫉妒别人得到的；寻找自己与别人的差距，进行自我分析，然后将这些化为激励自己的动力。当别人失败时亦不要得意，不要嘲笑，要吸取他人的前车之鉴，以免自己也重蹈覆辙。

总之，尽管人生总要经历很多失败和不如意，但是只要具有平常心、淡然心、感恩心、博爱心，在得失面前表现得淡然、坦然，就一定能够经受住风雨，得见彩虹。

从哪里摔倒从哪里爬起来

马克思曾经说过，“生活好比一片一望无际的大海，只有意志力坚强的人，才能到达彼岸。”生活中，挫折总会在你不防备的时候袭击，让你狠狠地摔一跤，有时甚至还会在你没来得及爬起来的时候再推上一把。

这个时候，你要做的不是原地不动、自怨自艾，而是要从跌倒的地方爬起来，掸掸身上的尘土，重新上路。失去一切并不可怕，可怕的是你跌倒之后再也不想爬起来。

我国著名史学家司马迁曾经在《报任安书》中写过这样一段文字。

“盖西伯拘而演《周易》；仲尼厄而作《春秋》；屈原放逐，乃赋《离骚》；左丘失明，厥有《国语》；孙子膑脚，《兵法》修列；不韦迁蜀，世传《吕览》；韩非囚秦，《说难》《孤愤》；《诗》三百篇，大底圣贤发愤之所为作也。此人皆意有所郁结，不得通其道，故述往事、思来者。乃如左丘明无目，孙子断足，终不可用，退而论书策，以舒其愤，思垂空文以自见。”

西伯姬昌、孔子、屈原、左丘明、孙膑、吕不韦、韩非以及诗经的作者，这些古代圣贤无一不是越挫越勇的榜样。他们所摔的跤不可谓不狠，他们所承受的痛苦不可谓不大，他们所失去的东西不可谓不重要，但是他们勇敢地爬起来了，这才有了流芳百世的佳作，才赢得了万世的缅怀和敬仰。人生在世，谁也不能保证自己不会跌倒，跌倒了没关系，重要的是跌倒之后能够依靠自己的力量，勇敢地站起来。

被人称为“国际美容教母”的蒙妮坦国际集团董事长郑明明，有一个美丽的称号——“蒙妮坦不倒翁”。

1973年，她精心挑选了一批美容产品，带领6名受过严格训练的职员，在印度尼西亚的雅加达租了一间仓库，准备通过销售产品在那里开设蒙妮坦的分支机构。不料一场大火把仓库内的所有产品烧了个精光。产品没了，多年的积蓄没有了，欠了银行一大笔贷款，还要赔偿被烧毁的仓库，这对创业初期的郑明明打击太大了。

她经常回忆这段往事：“当时，只感到两手空空，大脑也是空空的，什么都没有了。”就在她绝望的时候，忽然想到了自己的父亲，从小她就看到父亲的办公室桌上有许多“不倒翁”。而且，小时候父亲就经常鼓励她，“人生中必定会遇到很多困难，做人一定要有“不倒翁精神”，跌倒了赶快站起来，才能实现理想。”想到这里，郑明明忙从床上爬起来化好妆，重新走到人群中。

郑明明重新回到香港，努力重建事业，一年后还清了银行所有的贷款，手头还有了积蓄，于是再次扩张。几十年风雨历程的背后一直都是父亲的那些话在支撑着她。

后来，郑明明在总结自己成功的经验时说：“踏足内地的头八年，工作并不顺利，处处碰壁。对于当时的中国内地来说，开办美容学校是一件不可思议的事情，因此面临很多困难。但是，每当想要打退堂鼓时，我就会回忆起父亲的鼓励，于是便咬紧牙关，闯过难关。”

无论你做了多少准备，有一点是毋庸置疑的：当你进行新的尝试时，很有可能会犯错误。无论从事何种职业，只要你不断对自己提出更高的要求，都难免会遭遇失败，甚至会失去自己本来拥有的东西。但失败并非罪过，重要的是要从中吸取教训。因为，只有那些跌倒之后立刻爬起来，掸掸身上尘土再上场一拼的人，才会获得成功。

人的一生，不可能总是一帆风顺，命运总会在你毫无防备的情况下，跟你开个玩笑，让你摔个大跤。人生起伏，这些都是很正常的。跌倒了，爬起来继续往前走就行了。只要你踏实地前行，不急功近利，那么你摔倒的次数就会越来越少，今后的路上也会更加顺畅。

凡眼看社会，人的一生是一个不断在压力和痛苦中挣扎的过程，每个人的一生都会有很多挫折、坎坷及无奈。但是，我们不能因为一时的失意而一蹶不振、徘徊不前。只有经过了千百次磨砺与洗礼，才能慢慢变得成熟与稳重，泥泞的道路上才会留下自己的足迹。那些曾经使我们感到难以承受的痛苦和磨难，都是我们人生的财富。

爱默生曾经说过，“强者很容易做到坚强，就好比弱者很容易做到软弱一样。”跌倒后能够自己爬起来的人就是强者，他们会在未来的人生道路上战无不胜。而那些跌倒后不肯爬起来，一味哀叹时运不济的人则是弱者，他们注定的结果只会是失败。失去也是一种得到，放弃也是一种快乐，不管昨天摔得多疼，今天你都要开心地笑。

在意外界的得失，不如低头修炼自己

印第安人有句名言，“如果我们走得太快，就要停一停，等待灵魂跟上来。”意思是说，人在紧张忙碌之中要给灵魂一个休息、思考的时间，观书览胜，交友抒怀，品茗悟道……人自身获得的快乐与幸福是难以寄托于外物的得失之上的，更多的是来自于内心的修炼与陶冶。否则，得陇望蜀，忙于挣钱，忙于争位，忙于出名……永不知足，痛苦与忧烦就会接踵而来，让自己平添烦恼。

每个人都应该活出自己的真实个性来，只做自己，这是因为每个人都是独一无二的，每个人都有自己的意识、思想以及思维方式。既然外界的得失并不能给人们带来真正的幸福，那么不如把精力用来修炼自己。

忙碌是一种幸福，关键是要忙得有意义；清闲是一种境界，但不能因此而麻木。忙碌中，我们要积极进取；清闲中，我们要认真审视自己。我们应当经常问自己，到底想要过一种什么样的生活？当然，我们有随时审视前进方向的自由，也该有拒绝“身不由己”的权利。

中国近代著名的高僧弘一法师，俗名李叔同，他出生于官宦富商之家，早年受过较完整的教育，是当时著名的文学大师。之后，他热衷于画画，并且成了一位声名显赫的画家。他英俊潇洒，诗、文、书、画无一不精，珍宝、钱财应有尽有，而且家庭和睦，可谓事事如意，为世人羡慕。

然而，当时声誉正隆的李叔同却突然出家为僧，舍弃一切名利。家人与朋友均纷纷前来劝他还俗，最后都被他拒绝。面对别人的不解，他只是淡淡地答道："我想来就来了。"当时的国画大师金智勇对李叔同的行为也难以理解，还亲自到杭州探望他。然而，他却对金智勇说道："我能做到最好，所以我就选择了。"

此后，李叔同足不出户，专心钻研佛法，终成一代高僧，被世人尊为"弘一法师"。

这是一次与心灵与物质、"心"和"形"的较量，乍看之下，李叔同出家的决定，使自己失去了世人羡慕的好生活，然而他却不为这种外界得失所牵绊，而是一心修炼自己，并最终使自己的心灵得到升华，成为一代高僧，成为世人所敬佩的对象。可以说，这是另一种"得"，比身外之物更大的"得"。

在如今这个物欲横流的社会中，奔波劳碌的人中有多少能够"心不为形役"？恐怕不多见吧。成功、成名等世俗的诱惑让人们被无数的欲望所困扰，迷失在得失之间，找不到生活的方向。李叔同虽然身处名利的漩涡之中，却能轻松地从里面走出来，着实令人可敬可叹。修行是如此，做人又何尝不是这样呢?

实际上，我们有的时候就是因为过于在意外界的得失，而没有脚踏实地修炼自己，从而迷失了自我。其实，生活的重点不在于名利的得失，因为别人的看法而使自己受委屈，因为某些虚荣的名利而舍弃了宝贵的年华和快乐……这些都是十分不值得的。

如果失去了自我，那么拥有的一切就都是无意义、不真实的。只有不让自我迷失，才能够站得稳走得直，即便有人一味否定、攻击你，你也能轻松应对。不要让旁人的观点左右你，不要让外界的得失干扰你，按照自己的意愿去做自己喜欢的事情，并且要努力做好，只有这样你的人生才会过得更有价值和意义。

约翰·史崔勒基是《生命咖啡馆》一书的作者。他原本是一家企业的高级管理人员，收入不菲，在业界也小有声名，可谓名利双收。然而由于长时间的重复做一项工作，他感觉生活异常单调、乏味，内心痛苦万分，于是他与自己的妻子背起背包，开始了他们的环球旅行。在9个月的时间里，他们横跨五个大洲，走过了几十个国家。与此同时，约翰·史崔勒基对生命有了一种全新的认识。

约翰·史崔勒基回到美国以后，决定通过故事的形式将他对生命的认识写下来。他用了不到一个月的时间撰写了《生命咖啡馆》这本书，然后开始自费出版。令他意想不到的是在短短一年时间里，这本书就成为了畅销书。

这本书的主题就是，人生应该做自己想做的事，而不是应付别人要你做的事。

一味应付别人要自己做的事，只会心力交瘁、顾此失彼。只有做自己该做的事，修炼自己的内心，生命才会保值、增值。在漫长的历史长河中，人生不过只是转瞬而逝的浪花而已。生命的价值不在于成败、得失，而在于个体的自身体验，任何外在标准的评判都是不准确的。人应该掌握自己的命运，不需要受世俗得失所掌控。

做好自己，为自己加油，经受住物欲的诱惑，不在意外界的得失，使心不为形役，这样你便能拥有真实的幸福和快乐。

失去的当礼物，眼前的叫幸福

人生是一个“失而复得，得而复失”的循环过程，失去的并不代表以后就不会重新得到，得到的也不意味着能终生拥有。要想拥有幸福，我们不仅要坦然面对生活中的不幸，还要能够看轻生活中的得失。有句俗话说得好，“失去的当礼物，眼前的叫幸福。”不哀叹那些失去的东西，珍惜当下的美好，这才是幸福的真谛。

有时候，生活中的不幸也并非是一件坏事，把“失去的”当做神赐给我们的礼物，它会成为一种促使我们采取行动的压力，一种激励我们提高素质的动力，我们的头脑会因此而变得敏锐，我们的内心也会因此而学会珍惜。

1945年8月，第二次世界大战对日作战胜利纪念日之后两天，玛丽·布朗太太回到她位于渥太华的家，站在空寂的房间里发愣。几年前，她丈夫死于车祸，接着，与她相伴的母亲也去世了。

布朗太太这样描述自己当时的状况：“钟声与哨笛宣布和平的到来，我唯一的儿子唐纳却死了。我的丈夫和母亲在那之前就死了，整个家只剩我一个人。离开孩子的葬礼回到家中，那种无名的空寂感，我永远难忘。没有哪儿会比我的家更空寂了，悲伤和恐惧让我窒息。

除了要学会一个人生活外，还要改变自己的生活方式，而其中最大的恐惧则是怕自己因伤心而发疯。”

一连几个星期，布朗太太沉浸在悲伤、恐惧、孤独之中，痛苦和惶惑使她茫然，她不肯接受现实。她说：“我相信，时间会帮我平复创伤，但是时间过得太慢了，我必须找点事来打发时间，于是我就去工作。

“时间慢慢地过去了，我发现自己能重新对生活、同事、朋友产生兴趣。我渐渐明白不幸的事已经悄然走远，未来的一切正在变好。我曾经是多么的愚蠢，怨苍天待我不公平，不肯接受现实。但是，时间改变了我。这一天来得很缓慢，不是几天也不是几星期，它是渐进的。然而，最重要的是，我终于学会了面对现实。现在，当我回首往事时，就觉得自己像一艘轮船在历经风雨后终于航行在平静的海面上。”

有些失去，诚如布朗太太所亲历，大到不是常人所能承受的地步，可是逝者已矣，生者的生活还是要继续下去的。无论这种失去让我们多么悲痛，我们也还是要接受。当布朗太太选择接受亲人离去的事实时，她就已经做好了准备，让时间来治愈自己的伤痛。

同样，因为生活中的一些失败、挫折及不幸，我们的生活被分割得七零八落，也只有时间才能将它缝合。所以，当我们陷入悲伤的情绪中无法摆脱时，必须给自己时间。悲剧刚刚降临时，世界仿佛也停滞不前了，而我们的悲痛却要一直持续下去。然而，生活还在继续，这个时候就需要我们选择回忆那些快乐的往事，只有这样幸福才能取代悲痛，从而进入到我们的生活中来。

无论经历了什么，失去了什么，我们都应该从内心里停止悲哀和怨恨，接受无法逃避的现实，等待时间帮我们摆脱不幸。既然失去的已经无法挽回，那么不妨将这些不幸当做生活给我们的考验和礼物，也正因为有了这些磨难，才让我们更珍惜眼前的幸福。

此外，减轻不幸所造成的影响，为自己赢得幸福最保险的途径之一，就是在帮助别人的过程中使自己的心灵得到慰藉、升华。

威斯康新州的一个女人，对社区居民来说，她是一个激励人心的人物，因为她超越了个人的悲伤，能够带给那些有同样烦恼的人以安慰。

她25岁的儿子，在第二次世界大战时阵亡。她虽然非常哀痛，却不要别人怜悯。正如她所说的那样，“我了解那些从不知什么叫真正幸福的母亲，有些人的子女得了痉挛性麻痹，有些人的子女精神或身体残缺无法为国效力，还有些人渴望养育子女却无法生育。我有过一个好儿子，跟我度过了快乐的23年，我的余生中拥有了23年的美好回忆。因此，我必须顺从上帝的意愿，尽我所能帮助那些有儿子在服军役的母亲。”

结果，她做到了。她毫不厌倦地带给有儿子在军中服役的人和正在军中服役的人以安慰。她学会将心思和精力投入帮助他人之中，让自己没有剩余的精力再去苦思自己的烦恼和不幸。慢慢地，悲伤离她远去，幸福回到了她身边，而她身边的人也被她的这种精神所感染，变得快乐起来。

卢森堡说过，“不管遇到怎样的事情，都请愉快地接受吧！这就是人生。我们要接受人生，勇敢地、大胆地，而且永远微笑着。”人生的旅程中，不光有着幸福与光明，也有着悲伤与黑暗。烦恼不会因为我们的拒绝面对而放过我们，它是人生的一部分，而我们的成熟与否跟对待烦恼、不幸的态度有着密切的关系。

总之，不要过于在意生活中的得失，只有接受生活中的不幸和失去，才有机会改变现状，也才能够得到幸福。

第七章
人生有所失，才能有所得

中国有句老话说得好，“吃亏是福。”的确，人生有所失，才能有所得。只有舍得失去一些东西，才能得到自己想要的东西。

不必在意生活中那些小失败，因为失败是成功之母，过去的失败是为日后的成功所做的准备。不必在意那些已经失去的东西，翻倒的牛奶难以收回，丢失的奶酪也已经不复存在，与其为它们伤心，不如珍惜眼前所拥有的东西。人生有失才有得，只有舍得放下过去，才能把握住现在的幸福。“赠人玫瑰，手有余香。”也许你失去了一枝玫瑰，但却可以得到一个充满馨香的精神花园。

吃亏是福

吃亏是福，而非损失。吃亏体现的是一种谦让的精神，一种大度、宽容的品质。很多时候，只要自己主动吃点小亏，往往就能做好棘手、繁琐的事情，解决掉那些很难处理的问题。

郑板桥是“扬州八怪”之一，他曾经留下了“难得糊涂”、“吃亏是福”两句四字箴言。实际上，无论生活在哪个年代，在为人处世之时谨记“吃亏是福”都是错不了的。“吃亏是福”体现的是一种人生得失观，只有不介意吃些小亏，不介意在某些方面有所失，才能有所得。然而，在如今的现实生活中，有多少人肯吃亏，又有多少人真的觉得“吃亏是福”呢?

有些人做人锱铢必较，什么也不舍得失去。殊不知，越是不肯吃亏的人，就越可能吃亏，而且常常会多吃亏，吃大亏。这正如俗话说的那样，“占小便宜吃大亏，吃小亏占大便宜。”什么都不想失去，甚至还想占多的人，往往会因小失大；而不计较吃亏的人，则会“失之东隅收之桑榆”，失小得大，获得真正意义上的“福”。

贪婪自私的人总是会费尽心思去算计他人，在其热情、仗义的面具之后，更多的是毫无顾忌地对他人进行攻击与诋毁；而不怕吃亏的人却总是把别人往好处想，没有算计、诡计和阴谋，只有真诚、宽容与关爱。不怕吃亏的人拥有一个充满宽容的、不设防的心灵世界，他们虽然会做出一些舍弃和牺牲，然而却能在一种平和、自由的心境中，体悟到人性的圆满，感受到人生的幸福。

古时候，有位皇帝大赏群臣，每名大臣可以得到一只羊。因羊有大小肥瘦之分，负责分配羊的大臣便犯了难，他不知道该如何分才能让所有人都满意。

就在他一筹莫展的时候，只见一名大臣从群臣里走了出来，说道："依我看，这批羊很好分啊！"说完，他就顺手牵走了一只瘦羊，然后高兴地回家了。其他大臣见状，也都纷纷仿效，没做任何挑剔，各牵走了一头羊。

对于牵走瘦羊的那名大臣来说，他既得到了众多大臣的尊敬，也获得了皇帝的器重，虽然吃了一些亏，失去几斤羊肉，然而他得到的却比这几斤羊肉多得多。这便是吃亏所带来的福气和福分。

吃亏是一种高尚、圆满的精神，利人利己。每个人都有趋利避害的本性，倘若你愿意主动吃点儿亏，让他人得一些利，让别人高兴，那么你不仅能得到别人的尊敬与信任，还能在无形中为自己打造良好的口碑，进而使自己的事业兴旺发达。

《老子·五十八章》里有这样一句话，"祸兮福所倚，福兮祸所伏。"福和祸是相互依存的，是可以相互转化的，而懂得吃亏就是将祸转为福的有效方式。所以说，人生得意的时候别张狂，因为张狂很容易引来祸事；人生失意的时候也别消沉，哪怕咬着牙也得忍着、受着，因为忍受过了，好事跟着就来了。暂时吃一点亏，是为了将来得到更大的福，这样想来便不会觉得吃亏是件令人委屈的事情了。

“吃亏是福”不是自我安慰的阿Q精神，而是一种“福祸相依”的生活态度，是一种引人深思的人生哲理。学会“吃亏是福”这一哲理，就可以使你的心胸变得更加宽广，心态更加积极向上。以“吃亏是福”这一哲理来指导自己做人，不仅能够帮助别人，当自己陷入困境时，也会得到别人的真心帮助。

香港富豪李嘉诚曾说过这样一句话，“一件看起来是吃亏的事，往往会变得非常有利。”李嘉诚经常向人谈起自己当年做生意时的一段经历，这段经历让他明白了做人不能怕吃亏，即便一时吃亏，但从长远来看，往往还是有利的。

李嘉诚在22岁时，就已经开始自立门户做生意了。一家贸易公司曾经向他订购了一批玩具输往外国。很快，李嘉诚便将货物装船付运了。当向对方收取货款时，贸易公司的负责人却来电通知说，外国买家由于公司财政问题，难以收货，但是贸易公司愿意赔偿李嘉诚的损失。

根据对市场行情的分析，李嘉诚觉得这批玩具很有市场，不愁找不到买家。因此，对于这家贸易公司主动要给的赔偿，他没有接受，其目的是要和这家公司建立起一个相互信任的关系，以期今后能有再次合作的机会。

后来，李嘉诚转型做塑料花生意，也就慢慢地把这件事情淡忘了。一天，一位美国商人找到了李嘉诚，说是经某个贸易公司负责人的推荐，认为李嘉诚的工厂是全香港规模最大且信誉最好的塑料花厂，希望能够跟李嘉诚合作。

后来，李嘉诚得知那位贸易公司的负责人认识这个美国商人，还在这位美国商人的面前说李嘉诚是一位完全值得信赖的生意伙伴。最后，这位美国商人与李嘉诚签订了6个月的订单，此后他们所需要的塑料花都由李嘉诚供应。这件事使得李嘉诚的塑料花业务得到了迅速地发展。

聪明人一般不会计较眼前的得失，而会把眼光放长远，从长远的角度来看问题。虽然暂时吃了一些亏，但他们心里清楚自己将来一定能获得相应的回报。为人处世不怕吃亏，遇事知道退让，这才算是高明之举。我们以宽厚的态度对待别人，给别人以方便，日后别人才会为我们打开方便之门。如若只知道见利忘义，畏险避祸，那么幸福与回报就不会出现在我们的面前。

总之，学会吃亏，是一种修养；敢于吃亏，则是一种气魄。做人的可贵之处在于退让，主动吃亏失去的是一棵树苗，而得到的却往往是一整片森林。

过去的失败，是为日后的成功做准备

人们常说：“水无常形，兵无常势。”人生也一样，不可能存在永远的成功和辉煌，失败和挫折也会随时出现。成也好，败也好，最重要的是我们能够坦然面对它们。

1968年，台湾著名作家柏杨由于“大力水手事件”被捕入狱，九年之后才被释放。九年的牢狱生涯彻底地改变了他，他从一个“火爆浪子”变成了一个“谦谦君子”，他再也不像过去那样尖锐、激进，而是变得理性、温和。就连周围的人都感到惊讶：“现在的柏杨很有同情心，也知道给别人留余地，不像之前，总是那么火辣辣的。”

说起他的狱中生活，柏杨也曾经怨过、恨过。回忆那段日子，他经常睡不着觉，半夜醒来，发现自己竟然恨得咬牙切齿，这样的情况前后大约持续了一年。之后，他觉得不能再这样继续下去，不然，他不是被闷死，就是被自己折腾死。

从那以后，他坦然地面对一切，开始阅读大量历史书籍，光《资治通鉴》这一套书前后就读了三遍。这些书籍为他提供了宝贵的精神食粮，他从这些书籍中感触到：历史是一条长河，而人类只不过是历史长河中非常渺小的一滴水。

他还领悟到一件事：生命原本就是苦多于乐，每个人都在成功、失败、快乐、悲伤中反反复复，但只要心中能够永驻爱心、美感、理想，挫折反而会成为使人向上的动力，甚至会成为一种救赎的力量。

对于现在的我们来说，过去的生命也许是一页页的痛苦史，在检阅过去的一切时，我们或许会觉得自己处处失败，一事无成。我们期待着事业的成功却不能如愿，甚至连最近的亲戚朋友也要离弃我们。我们的前途看起来惨淡、黑暗，我们找不到前路的方向和希望。虽然在过去经历过各种不幸，但是只要我们不甘心永远屈服，从过去的失败中总结经验、教训，那么成功便指日可待。

我们要明白，在现实生活中，人的一生不可能总是一帆风顺的，遇到挫折和失败是难免的，而不可能一直处于辉煌的状态。正是因为有了逆境和困难，才让我们更加珍惜当下所拥有的成功和幸福。坦然面对人生中的得失、起落，将心态放平稳才是最重要的。

20世纪60年代初期，一位名叫玛丽·凯的美国母亲用自己前半辈子积累下来的5000美元作为投资资本，创立了玛丽·凯化妆品公司。

为了支持母亲实现自己的“狂热”理想，两个儿子也辞去了较好的工作，宁愿只拿250美元的月薪，“跳往助之”，加入到母亲的公司中来。玛丽·凯知道这是背水一战，一旦投资失败，不但自己半辈子辛辛苦苦的积蓄将打水漂，还可能葬送两个儿子的大好前程。

在创立公司后的第一次展销会上，玛丽·凯隆重地推出了一系列功能奇特的护肤品，按照她的设想，这次活动会引起消费者轰动，进而打开自己公司产品的销路，一举成功。然而，展销会活动并没有像预想中的那样引来如潮好评，相反，整个展销会下来，她的公司只卖

出了15美元的护肤品。

在残酷的事实面前，玛丽·凯忍不住失声痛哭，但在哭过之后，她反复问自己："玛丽·凯，你到底错在哪里？"经过仔细的分析，她及时调整了自己的心态，坦然地面对了这次失败。很快，她找到了失败的原因：在展销会上，玛丽·凯的公司从来没有主动地邀请别人来订单，也没有向外发订单，而是希望女性消费者自己上门来买东西……怪不得在展销会上会落到如此的结果。

从第一次的失败中站起来之后，她不仅调整了公司的内部管理，还加强了销售队伍的建设……此后几年，玛丽·凯化妆品公司迅速发展，目前该公司拥有员工5000人，并拥有一支20万人的推销队伍，年销售额超过3亿美元，已经成了一家国际大公司。而玛丽·凯也成为了美国化妆品行业的"皇后"。

已经步入中年的玛丽·凯之所以能够拥有如此辉煌的成绩，并不是因为上天对她的怜悯，而是因为她面对挫折时拥有坦然面对一切的好心态，并且能够总结过去失败的原因，进而构思出一个好的办法并积极付诸实践。试想，假如玛丽·凯面对出师不利的残酷现实，不去调整自己的心态，而是一味地怨天尤人，那么恐怕美国化妆品"皇后"的桂冠也就不属于她了。

倘若你想拥有走向成功的伟大力量，就应该思索这样一个问题，即除了自己的生命以外，当其他一切都已丧失了之后，我们的生命中还剩余什么？言外之意，当遭受了巨大的失败时，你有没有走出低谷的勇气和智慧？如果在失败之后一蹶不振，放手不干，并且自甘屈服，那几乎可以肯定你根本算不上什么人物；但是，如果能雄心勃勃、大步向前，不失望、不放弃，那就会让别人感受到你的人格之高、勇气之大，你便是他人眼中必成大器之人，而事实上你也确实能够有所成就。

在竞争激烈的当今社会，失败在所难免，若因一时失败而放大痛苦，将会遗憾终生。遭遇失败，视其为一阵清风，让它从你的耳旁轻轻吹过；遭遇失败，视其为一阵微不足道的小浪，不要让它在你心中激起惊涛骇浪；遭遇失败，视其为自己眼中的一粒尘埃，眨一眨眼，流一滴泪，就足以把它淹没；遭遇失败，不应放大痛苦，擦一擦身上的汗，拭一拭眼中的泪，继续前进！

总而言之，任何人都有可能遭遇失败，但失败并不可怕，可怕的是遭遇失败之后不能吸取前车之鉴，不能重新振作。只要你懂得从过去的失败中吸取教训，并且以此为鉴，那么来日一定会获得自己想要的成功。

不要为失去的奶酪悲伤

生活中，很多人都会无意识地犯这样一个错误：他们会为过去遗失的奶酪而悲伤，会为明天奶酪该从哪里获得而发愁，却独独不会在意该怎样把今天的奶酪涂在面包上，进而美美地享用一番。失去某些东西固然让人伤心，然而一直为失去的东西伤心并不能改变其已经失去的事实，甚至还会影响到人们现在的心情，使人们忽视目前已经拥有的东西。为失去的奶酪哭泣只会让人不自觉地陷入一种盲目的忧愁与烦恼之中，而忽略生活中那些美好的部分。

美国有位著名的海军上将曾经说过这样一段话，“我要把那些最尖端的武器装备交给那些最优秀的战士去使用，只有他们才不会辜负我的期望，顺利地完成那些既艰难又很卓著的任务。作为一个军队的负责人来讲，这就是我该做的一切。有些人也许对此无法理解，但是我要说，假如刚好有一条船要沉没了，但是我想尽一切办法也无法挽救的话，那么我就让它下沉，不会再去阻挡。我习惯于解决眼前出现的问题，并且也愿意把时间花在这上面。尽力解决现在发生的问题，可要比为昨天已经发生并且无法解决的问题耗神要有意义得多。假如，我总是为过去的每一件无法挽救的事去费尽心神，那么我是没有办法再支撑下去的。”

的确，我们无法改变昨日已经发生的事情，无法将过去失去的奶酪找回来，那么与其为之伤神，不如珍惜眼前的奶酪，改变自己的生活方式，力争在未来赢得更多的奶酪。这个奶酪可以是爱情，可以是事业，可以是成功，可以是幸福……可以是一切你渴望得到的东西。

“不要为那些已经打翻的牛奶哭泣。不然，你打翻的将不只是牛奶，还有你的心血……”这段话出自著名的作家荷摩·克洛伊的母亲之口，这段话也让荷摩·克洛伊本人一生受用。

在荷摩·克洛伊的一生之中，他总是用一种平和的心态对待人生的得失，而他也曾有过一段悲惨的经历。

那天，警长来到了荷摩·克洛伊的家，而他则不得不从后门溜了。从此，他失去了位于长岛佛洛里斯特的家。那个地方给他留下的印象太深了，他在那里住了整整18年，那里承载着他记忆中的所有温馨时刻，他的孩子们都是在那里出生并成长的，可是他却不得不离开那里。他怎么也想不到，这样不幸的事情会发生在自己的身上。在此之前，他一直认为自己拥有很高的身份与地位，不存在任何烦恼。

他创作的一部电影的版权，以好莱坞前所未有的高价卖了出去。这笔钱让他和家人过起了养尊处优的日子。然而，就在他事业如日中天的时候，却出乎所有人的意料，他回到了家乡纽约，并决心成为一名成功的商人。朋友们知道了他想成为商人的想法后，纷纷建议他仿效约翰·贾科伯投资地产。这些话果真让荷摩·克洛产生了投资地产的冲动，他觉得凭自己的才华和眼光，完全可以超越约翰·贾科伯。就这样，他开始了自己投资房产的发财梦。

事实上，荷摩·克洛根本不懂得如何经营地产生意，然而那时的他却已经被发财梦冲昏了头脑，一味依靠盲目的自信心和冒险精神做决定。很快，他把自己拥有的房子抵押了出去，然后用抵押款购买了佛罗里斯特山区里的一块建筑用地。荷摩·克洛伊心理盘算得很好：把这块地牢牢地掌握在自己手中，等待适合的时机再把它抛售出去，狠狠地赚它一大笔，进而实现自己当富翁的梦想。不久之后，这块土地到手了，荷摩·克洛伊很兴奋，他觉得成功已经唾手可得了。

然而，似乎只在一夜之间，美国的经济突然萧条起来，所有的土地都成了有价无市的商品，很多投资地产的商人都垮掉了，荷摩·克洛伊也一样。富翁梦破灭以后，他的生活一下子跌到了谷底。

为了养家糊口，他又重新开始写幽默小说，但却被人讥讽为类似《旧约》中的哀歌一样的作品。他一下子没有了任何市场，他的小说成了无人问津的废品，而他的积蓄也全部用光了，家中唯一可以用去做抵押借款的就是那台曾经为他创造过辉煌的打字机以及他口中那颗金牙了。

恰巧此时，银行收回了被用作抵押的房子，于是荷摩·克洛伊与他的家人成了无家可归者。他们用最后剩的一点钱，在贫民窟租了一间小房间，搬过去的那天正是1933年的年尾。无比沮丧的荷摩·克洛伊心中充满了绝望。

在万念俱灰之时，他想起了自己母亲曾说过的那句话，“别为曾经打翻了的牛奶哭泣！”就是这句话让他幡然醒悟，他重整了自己的心情并对自己说：“这是我生命中的最低谷了，不过谢天谢地它已经熬过去了，再不会有比这更糟糕的事情发生了。此后，一切都会慢慢的好转起来的。”

随后，他开始认真整理自己的思路，自己的身体足够健康，那些感情深厚的朋友仍然在自己的身边，这些都是自己可以从头开始的资本。想明白了这些之后，他决定远离哀伤，重新努力工作。后来也正如荷摩·克洛伊所设想的那样，他的生活真的慢慢开始好转了。每当回首往事时，荷摩·克洛伊都会感谢从前的那段悲惨境遇，因为他觉得正是那段不堪回首的生活给了自己足够的力量，磨砺了自己的坚忍和信心。

如果很不幸，你陷入了人生的低谷，那么请相信，既然情况已经如此之坏，那就没有什么需要顾虑的了。与其抱怨时运不济，不如像荷摩·克洛伊那样改变自己的观念，抛弃过去，重新启程。因为，只要努力，未来总会比现在更好。

不要为那些已然发生并且无法改变的不幸而悲伤，不要为那些已经失去并且无法挽回的事情而伤神……面对生活中的不幸与苦难，只有鼓足勇气，抱着极大的信心去面对、去改变才是明智之举，反之，你只会陷入这无情的漩涡中永远无法走出来。

舍弃过去，才能把握眼前的幸福

从前，有一座名为圆音寺的寺庙，那里的香火很旺，每天来上香拜佛的人络绎不绝。有一只蜘蛛在寺庙大门的横梁上织网安了家，每天在虔诚的拜佛之人的熏陶下，它便渐渐有了佛性。

有一天，佛祖来到圆音寺，看见这里旺盛的香火，欣喜不已。当他走出寺庙的时候，无意间一抬头，注意到了横梁上的蜘蛛。于是，佛祖放慢脚步，问这只蜘蛛："你我有缘相见，我且问你个问题，看你修炼了这1000多年，是否参悟到什么。如何？"蜘蛛非常高兴，连忙答应了。佛祖问道："世界最珍贵的是什么？"蜘蛛想了一下，回答道："世间最珍贵的是'得不到'和'已失去'。"佛祖点了点头，离开了。

又过了1000年，蜘蛛依旧在圆音寺大门的横梁上修炼，它的佛性日益精进。一天，佛祖又来到圆音寺，他对蜘蛛说道："1000年前的那个问题，你是否有新的体会？"蜘蛛说："我依然坚持世间最珍贵的是'得不到'和'已失去'。"佛祖说："你再仔细想想，我还会再来的。"

转眼又1000年过去了，有一天，狂风大作，一滴甘露被风吹到了蜘蛛网上。蜘蛛见甘露晶莹透亮，美丽无比，心生爱慕。有甘露的日子蜘蛛很开心，它觉得这是3000年来最快乐的几天。没想到，很快又刮来一阵大风将甘露吹走了。蜘蛛顿时感到寂寞和难过。这时，佛祖又一次来到圆音寺，问蜘蛛："这1000年来，你是否仔细思考我的问题？"蜘蛛想到了甘露，对佛祖说："世间最珍贵的是'得不到'和'已失去'。"佛祖说："好，既然你坚持这样说，我让你到人间走一遭吧。"

就这样，蜘蛛投胎到了一个官宦家庭，做了富家小姐，父母为她取了个名字叫蛛儿。转眼，蛛儿已经16岁了，她出落的亭亭玉立、婀娜多姿。这天是新科状元郎甘鹿中榜的日子，皇帝在后花园为他举行庆功宴。宴会上有许多漂亮的少女，其中就有蛛儿，还有皇帝的小公主长风。席间状元郎表演诗词歌赋，赢得了不少在场少女的爱慕。但蛛儿丝毫不担心，因为她知道，这段姻缘是佛祖赐予自己的。

过了一些时候，蛛儿陪同母亲上香拜佛，碰巧，甘鹿也陪同母亲前来。上完香拜过佛之后，两位母亲便走到一起说话，而蛛儿和甘鹿便来到走廊上聊天。蛛儿很高兴，终于有机会与自己喜欢的人单独相处了，但是甘鹿却好像并不这样想。蛛儿对甘鹿说："你难道忘记了16年前发生在圆音寺的事情了吗？"甘鹿吃惊地说："蛛儿姑娘，我承认你很漂亮，但你的想象力或许有些不着边际。"说罢，甘鹿便转身离开了。蛛儿回到家后，她心想：佛祖既然让自己来到人间，为何不让甘鹿记得那件事，他为什么对自己没有什么好感呢？

几天后，皇帝下诏，命新科状元甘鹿和长风公主完婚，蛛儿和太子芝草完婚。听到这一消息，蛛儿如五雷轰顶，她无论如何也不接受。接连几天，她滴水不进，心思恍惚，到了生死的边缘。太子芝草听说后，急忙赶来，跪在她的床边，对奄奄一息的蛛儿说道：“那日，在后花园，我第一次见到你就喜欢上你了，我苦求父皇将你许配给我。如果你死了，我也就不活了。”说着就拿起宝剑准备自刎。

就在这时，佛祖出现了。他对灵魂出窍的蛛儿说：“蜘蛛，你是否想过，是谁将甘露(甘鹿)带到你这里来的呢？是风(长风公主)带来的，也是风将它带走的。甘鹿是属于长风公主的，你不过是他生命中的一个过客。而太子芝草是当年圆音寺门前的一棵小草，他守护了你3000年，爱慕了你3000年，但你却从没注意过它。蜘蛛，我再来问你，世间最珍贵的是什么？”听了佛祖的话，蜘蛛好像一下子醒悟了，她对佛祖说：“世间最珍贵的不是‘得不到’和‘已失去’，而是珍惜眼下的幸福。”

说完，佛祖就离开了，蛛儿的灵魂也回位了，睁开眼睛，看到正要自刎的太子芝草，她便马上阻止，并与他紧紧拥抱在一起。

在现实生活中，有很多人和故事中蛛儿醒悟前的想法一样，他们始终无法放下自己得不到的东西，对自己已经失去的东西也是耿耿于怀。殊不知，正是在这种哀叹命运对自己不公的情绪里，现在的幸福也离他们远去。无论是失去工作、机会、财富也好，还是失去深爱的恋人、朋友、亲人也罢，既然失去了，无法挽回了，那么就应该果断地斩断过去，努力抓住现在，以使自己在未来不至于为现在的错误决定而懊悔。

人们常说这样一句话，“失去后才懂得珍惜。”正因为有了失去的教训，才能让人更珍惜眼前的所得。世间万物时刻都在变化，没有什么是永恒的，得到了并不意味着永不失去，失去了也不代表着再也得不来。就像上面故事中的蛛儿，她渴望甘鹿的爱情却不得，进而心灰意冷，殊不知佛祖早就安排了芝草来守护她。

世上不是缺少幸福，而是缺少发现幸福的心。以爱情为例，很多时候，你一味地向前奔跑、追逐那些虚无缥缈的爱情，历经着各种伤痛。其实，你只要停下脚步转过头来，就会发现一直有个人在身后默默地守护你、追随你，他（她）才是真正能给你带来幸福的人。

“世间最珍贵的不是‘得不到’和‘已失去’，而是眼前已经得到的幸福。”得不到的，不一定是最好的，失去的也不一定最宝贵。现在拥有的，可能不是你之前一直以来向往的，可它却真实地握在你的手里，是属于你的。

总之，敢于舍弃过去的人，才是成熟、智慧的智者，而珍惜现在已经拥有的就是把握未来幸福的前提。

予人玫瑰，手有余香

他人是自己的影子，也就是另一个自己，所以说善待他人，也就是善待自己。做人，就像给自己买保险一样。你平时怎样待人，将决定你在失意时别人怎样待你，也决定了你在临危时是峰回路转还是一败涂地。

黎巴嫩作家米哈依勒·努埃曼在《你是人》一书中写道：“如果没有你，便没有我之为我；如果没有我，便没有你之为你；如果没有我们，便没有他之为他，更没有广阔世界中的任何一个人。”世界就是一个你中有我、我中有你的整体，人与人之间有着一种相互依存的关系。

在一个茫茫沙漠的两边，有两个村庄。从一个村庄到另一个村庄，如果绕过沙漠走，至少需要马不停蹄地走上二十多天；如果横穿沙漠，那么只需要三天就能抵达。但横穿沙漠实在太危险了，曾经有许多人试图横穿沙漠，结果无一生还。

一天，一位智者经过这里，让村里人找来了几万株胡杨树苗，每半里栽一棵，从这个村庄一直栽到了沙漠那端的村庄。智者告诉大家：“如果这些胡杨有幸成活了，你们便可以沿着胡杨树来来往往；

如果没有成活，那么每一个走路的人经过时，要将枯树苗拔一拔，插一插，以免被流沙给淹没了。”

果然，这些胡杨苗栽进沙漠后，很快就成了路标。沿着这些路标，这条路大家平平安安地走了几十年。

有一年夏天，村里来了一个商人，他坚持要一个人到对面的村庄去卖东西。大家告诉他说：“你经过沙漠之路的时候，遇到要倒的路标一定要向下再插深些；遇到要被淹没的路标，一定要将它向上拔一拔。”

商人点头答应了，然后就带上自己的货物上路了。但是，商人上路后，却没有按照村里人告诉他的那样去做。遇到一些就要被尘沙彻底淹没的路标时，这个商人想：“反正我就走这一次，淹没就淹没吧。”他没有伸出手去将这些路标向上拔一拔；遇到一些被风暴卷得摇摇欲倒的路标时，这个商人也没有伸出手去将这些路标再向下插一插。

但就在商人走到沙漠深处时，寂静的沙漠突然狂风大作，飞沙走石，眼看着前面的路没法再走。

于是，商人想沿着来路倒回去。但是，刚刚来时路上的路标，因为他没有扶正或深插，有些已经被淹没在厚厚的流沙里了，而有些路标则被风暴卷走了。

商人像没头的苍蝇似的东走走、西闯闯，却怎么也走不出这片沙漠。在气息奄奄的那一刻，他十分懊悔：如果自己能按照大家吩咐的那样做，即便没有了进路，还可以拥有一条平平安安的退路啊！其实，给别人留路，就等于给我们自己留路。

真诚地去帮助别人，你才会得到快乐和温暖。当爱的露珠洒向他人时，我们平凡的人生也就会因此而显得充实且有意义起来，我们的内心更会充满温馨感。只要芸芸众生都能善待他人，那么无论命运之舟将驶向何方，每一个人都能逢凶化吉、遇难呈祥。

孟子曾经说过，“君子莫大乎与人为善。”要想做个幸福、快乐、成功的人，那就得从善待他人开始。佛家讲究善恶轮回，因果报应。

现实生活中，这种所谓的“因果报应”只不过是心存感激的受惠者对施惠者的一种报偿而已。许多人一辈子都不会想到，自己在帮助别人时，其实就等于帮助了自己。你在帮助别人时，别人对于你的帮助就会记在心中，只要一有机会，他们就会主动报答。

某一年夏天，金小姐作为一名公司职员从台湾去美国芝加哥参加一个家用产品展览会，午餐则在快餐厅里自行解决。当时人很多，金小姐刚坐下，就有人用日语问：“我可以坐在这里吗？”抬头一看，是一位白发长者正端着饭站在面前。她忙指着对面的位子说：“请坐。”接着，她起身去拿刀叉、纸巾这类的东西，而且她还担心老人家找不到，便帮他拿了一份。

一顿快餐很快就吃完了，老人临走时递来一张名片，说：“如果以后有需要，请与我联络。”

金小姐一看，原来老人是日本一家大公司的社长。

一年以后，金小姐自己注册了一家小公司。生意做了不到一年，客户突然不做了，而这时，新一年的生产计划已经定了，连样品都做好了，更何况这是她唯一的客户！

危难时刻，她忽然想起那位日本老人来，于是就抱着一线希望写了一封简短的信，说不知您是否还记得我，并说明自己当前的困境，如果您来台湾希望能来看一看。信发出后一个星期，就收到了回信，老人说即日就会启程来台湾。

两天后，他真的来了，还带来了六七个公司职员。他们拿出样品让她试加工，在肯定了产品和质量以后，当场投下了足够金小姐做一年的大订单。金小姐惊喜地问："您在台湾有很多大客户，而我这里只是家小公司，您真的信得过我吗？"

老人从皮箱里拿出一本书来，名字叫《人心的储存》，说："当初你在芝加哥给我小小的帮助时，你并没有想到会有这样的回报。就像我在书中所写的：人心就像一本存折，只有打开来才知道到底有多少收益。每本心的存折正是用一点一滴的善去积累的。"

这是一个需要合作的社会，人与人之间更是一种互动的关系。只要我们去善待别人，善意地帮助别人，自然会得到别人的回报。然而，回报不是帮助别人的目的，但帮助别人常常能带来回报。与人为善并不是为了得到回报，而是为了让自己活得更快乐。

其实，与人为善极易做到，它并不要你刻意做作，只要有一颗善良的平常心就行了。

在人生的道路上，大家肯定会遇到许许多多的困难。但大家要知道，在前进的道路上，搬开别人脚下的绊脚石，有时却恰恰能为自己铺路。

没有人可以一生一帆风顺，没有人可以永远高枕无忧。平日再风光、得意，也可能有一天会面临失败与危机。当你失败时，你的朋友、亲人是否可以扶你一把，全看你平时是否善待他们了。

只有善待他人，你才能把自己融入人群，获得友谊、信任、谅解及支持；只有善待他人，你才能调整失衡的心态，解脱孤独的灵魂，走出无助的困境；只有善待他人，你才能在人生的道路上拥有快乐的感觉，踏入充满机遇的境界，走向充满希望的未来。

第八章
淡泊以明志，宁静以致远

诸葛亮在《诫子篇》中写过这样两句话，“非淡泊无以明志，非宁静无以致远。”这是对人心灵至高境界的一种描述。淡泊是平和，也是傲岸，看淡人生得失，视名利为无物，唯有这样才能心境平和；宁静是安静，也是清净，静观世事万变，将得失置之身外，唯有这样才能内心淡定。

淡泊、宁静是一种超然的心态，是一种可以看轻人生一切得失的智慧。懂得淡泊、宁静的做人真谛，才能够心胸豁达，也才能不会因为生活中的人事而困扰。当一个人放开人生的得失，他就能够坦然地面对现实生活，自由舒畅地享受生活中的点点滴滴。

淡泊名利，从容处世

在现实生活中，人们常常用名誉、权力及地位来衡量一个人的成功与否，所以许多人热衷于追求这些，甚至在很多人看来，这些已经成为实现自身价值的唯一方式。事实上，除了名誉、权力及地位之外，还有许多东西能够让人实现自我价值，让人获得满足。同时，为了名誉、权力及地位而活也不是一种珍惜人生，享有生命的态度。

人的一生转瞬即逝，大家不妨任性一下，去做自己想做的事情、去过自己想过的生活，做个淡泊名利、宠辱不惊、从容处世的人。我国著名人口学家马寅初先生就是这样一个人。

马老曾经因“新人口论”而受到批判，甚至被撤销了北大校长的职务。那天，他正在家里接受“隔离审查”。得到消息的儿子从外面回来，气愤地说：“爸，你被撤职了？他们怎么可以这样冤枉你？”当时，马老正在看一本书，就淡淡地应了一声：“噢！”看见自己父亲一副“没事儿人”的样子，儿子一下子也没了脾气。

十几年后，国家为马寅初先生平反昭雪，同时也恢复了他北大校长的职务。他的儿子一听说，马上高兴地从外面赶回家，告诉他：“爸，你官复原职了！”然而，马老却依然淡淡地应了一声“噢”。

荣辱，等闲视之；得失，一笑了之。这就是人们所常说的从容，也是一种持久的心理定力。这种定力很难得到，它需要有一颗修为颇深的心，而修为既包括意志、信念的修炼，又包括品行、人格的修炼，甚至还包括心灵的磨难。历经了磨难的心灵是成熟的，也是坚强的，它更懂得去珍惜幸福，更加明白人生的真正意义。因此，从某种意义上说，磨难不但不是人生的灾难，而是人生一笔不可多得的财富。只有从磨难中归来的心灵，才能从容，才能宠辱不惊、得失自若。

事实上，从容也是一种方法，一种获得强大心灵的方法，而这种方法的核心就是胜不骄、败不馁。俗话说的“塞翁失马，焉知非福”，心理学上说的“心理健康就是任何情况下都能保持稳定的平常之心”，美学上提倡的“对称与平衡”等都是对从容处世这种生活态度的推崇。

从容的心态具体到生活中主要有以下这些表现。不因一时成功而大喜过望、得意忘形；不因一时失意而自暴自弃、丧失信念；不因环境的改变而惊慌失措、自乱阵脚；无论条件如何变化，都能一如既往地充满希望，始终如一地坚持自己的信念，追寻自己的梦想……而“不以物喜，不以己悲”与“先天下之忧而忧，后天下之乐而乐”大概就是这种心态的浓缩和写照。

淡泊名利、从容处世，是一个人不可缺少的心态；否则，很容易为名利所累，最终害人害己。古今中外，这样的前车之鉴不胜枚举。物理学家焦耳就曾为争夺“发现能量转化和守恒定律第一人”的荣誉而猛烈攻击过他当时的竞争对手——迈尔。后来，迈尔终于不堪重负，选择了跳楼，虽然有幸被救，却成为疯子。一个那么有才华的科

学家就这样成为一个精神病患者，而这也是焦耳一生的遗憾。

不可否认，每个人都有自己的活法，都有自己的追求，也都有自己的价值。但是，对于一个快乐的人来说，名利一定不是最重要的。他们享受生命的过程，享受人生沿途的风景，而不过于在乎自己最后得到了什么。

人生在世，每个人都想活得更好、更快乐。在各种可能的条件下，人们都会选择一种能让自己更幸福、更快乐和更满足的生活方式。然而，就一般情况而言，多得一份功名利禄，就会少得一份轻松悠闲，并且名利易逝，一个温馨的家和脚下一片坚实的土地才是人生中最重要的东西。《飘》的作者玛格丽特·米契尔曾说过，“也许要等到你失去了名誉之后，你才会明白此时的生活有多轻松，才会知道什么是真正的自由，也才会知道什么是快乐的人生。”

名利能满足我们的欲望和虚荣，让我们光环闪耀，也能让我们忘了真情的温暖。而盛名之下只会是一颗活得很累的心，因为它只为名利效劳，从不曾为自己而活。

总之，以从容之心面对得失成败，以淡泊之心看待权力地位。“宠辱不惊，看庭前花开花落；去留无意，观天外云卷云舒”，人生自有另一种风景。

唯有宁静，才能致远

诸葛亮在《诫子书》一文中阐述了这样一种观点。宁静的心境更加有利于人的思考，它让人看得更远、更广，让人见解更深刻，让人学习事半功倍。是的，唯有“宁静”才能“致远”，只有心平气和、踏踏实实地走好人生的每一步，才能让自己走得更远。而心浮气躁的人永远难成大事。

9岁时，艾伦去居住在南达科他州的祖父的农场里过暑假。在那里，他有了自己人生的第一份工作，那就是赤手去捡牧场里被晒干的牛粪。其他孩子都不愿意做这份苦差事，但艾伦做得好极了，既没有抱怨，也没有要求祖父给自己换一份工作。整个假期，艾伦都安静地做着这份工作，即使这看上去实在不算一份好工作，也没有任何报酬。

很快，一年过去了，暑假时艾伦又到了祖父的农场。这次祖父告诉艾伦，因为他去年夏天工作的表现极为出色，因此决定把一份艾伦一直都非常喜欢的工作给他。于是，在这个假期，艾伦每天都开心地干着自己所喜爱的工作——放马。

从这件事，艾伦明白了一个道理：以宁静的心境干好自己该干的事情，就能够摆脱困境，也就能够一步步接近自己的梦想。

艾伦从学校毕业后，在南达科他州的一家肉铺做帮工。不仅每个星期只有1美元的薪水，这还是一份令人感到恶心、很难静下心来做的工作，但艾伦却将它做得很好。他的想法很简单：只要把工作做好，就能得到提升，也就能摆脱掉这个工作了。果然多年后，他成了一名年薪达150万美元的上市公司的首席执行官。

一个人如果没有宁静的心境，通常会很容易放弃眼前自己正在做的事情，即使做下去也不容易把该做的事情做好，这样自然就不能最大限度地实现自我价值，也不可能表现出最优秀的自己。

还记得鲁迅在《故乡》中所描述的捕鸟情景吗？首先，在一个地方撒些小米或稻谷之类的粮食；然后，在上方罩一个筛子，并用一根系着绳子的木棒把筛子支起；最后，远远牵着绳子等待，一直等到鸟进入筛子下面吃食物的时候，一拉绳子，便把小鸟罩在筛子里了。在捕鸟的整个过程中，宁静等待的环节是最关键的。如果太浮躁的话，那么就会把鸟儿吓坏，让它们不敢放心地进去吃东西，自然也就捉不住鸟儿了。

人的一生有时候就像这样一个捕鸟的过程。只有拥有了宁静的心境，善于等待，才能够捕得鸟儿归。

古时候，有一个年轻人热爱剑术。于是，他走遍了五湖四海，终于找到了一位剑术高超的老剑客拜师学艺。老剑客传授给他一套剑法，并叮嘱他要每日刻苦练习。

年轻人问老剑客：“这样的话，多久之后，我的剑术能够有所成就呢？”老剑客回答：“三个月。”

听了老剑客的回答，年轻人开始每天练习。几日后，他发现自己的进步很小，就跑去问老剑客：“如果我练习到晚一点，需要多久才能够有成呢？”老剑客答：“三年。”年轻人听后大吃一惊，便继续问道：“如果我夜以继日地练剑，需要多久才能成功？”老剑客听后摇了摇头，微微笑着回答说：“三十年。”

故事中那个年轻人练剑有成需要的时间越来越长，是因为他急于求成，以致内心越来越浮躁。由此可见，浮躁、缺少宁静的心态是我们通往成功之路上的绊脚石。

在当今社会中，浮躁的人比比皆是。他们做事既无准备，又无计划，往往是想到了、兴头来了就去干；他们不是循序渐进地稳步向前，而是总想一蹴而就，结果当然是事与愿违。心理学研究发现，浮躁是一种由冲动性、情绪性、盲动性交织的综合型不良心态，主要表现为心神不宁、不安分、焦躁、急功近利等。

在现实生活中，但凡成功的人，往往都拥有一个宁静的心境。因为，这种心境可以让他们远离浮躁，让他们心平气和、不贪不躁，进而慎思慎行地去做事情。总而言之，倘若一个人想在人生的道路上走得更长、更远、更顺遂，那么就要始终保持一个宁静的心境。

心胸豁达，不计较一时得失

有一次，德国文学大师歌德在公园的一条小径上散步，那是一条很窄的小路。这时，歌德碰巧遇上了一个对他心存敌意的评论家。

评论家一见到歌德，立即停下来，直挺挺地站在路中间，说：“我是不会给傻瓜让路的。”

“我恰恰相反。”歌德笑了笑说道。说完，歌德就侧身退到一旁。

心胸豁达的人往往要比心胸狭小之辈快乐很多，因为心胸豁达的人从来都不会挂心于芝麻绿豆一般的小事儿。有一位哲学家曾这样说过，“人之所以会快乐，是因为他选择了快乐；人之所以会悲伤，是因为他选择了悲伤。”那么是什么让人选择快乐呢？正是豁达的心胸，而歌德就是这样一位心胸豁达之人。

实际上，为人处世，我们就应该有大海般的气量，而不是水盆一般的胸怀。只有胸怀似海，才能容纳天下江河；只有气量恢宏，才能坦然面对他人的污蔑、诽谤与嘲笑；只有胸怀似海，才能不计较生活中的得失。

在现实生活中，我们评论某些人心胸宽广，正是因为他们虚怀若谷，有海纳百川的肚量。他们可以包容他人，就算是他人对自己的嘲笑和讽刺也能一笑置之。如此气量宽宏的人，不会为生活中的得失所累，自然就活得轻松、惬意了。当然，豁达不代表无限度地容忍别人，宽容不是对自己构成危害的行为也要坦然接受或姑息。

对于个人来说，豁达常常会带来更好的人际关系，也会使自己在心理上减少仇恨和不健康的情感，更会化敌为友，使敌为我用。

东汉末年，军阀混战，曹操的死对头袁绍发布了檄文讨伐曹操。檄文言辞犀利，将曹操的祖宗三代骂得狗血喷头。

曹操读完檄文之后问下属：“檄文作者为谁？”下属以为曹操要大发雷霆，便胆战心惊地回答：“据说檄文为陈琳所作。”曹操连连赞叹：“陈琳这小子文章着实不错，骂得痛快。”

最终，曹操取得了官渡之战的胜利，陈琳做了曹操的俘虏。陈琳暗忖：当初，曹操的祖宗被我骂了个遍，这次我是必死无疑了。结果却出乎陈琳的意料，曹操非但未杀他，反而任命他做了自己的文书。

中国古人最讲究孝道，一般而言，辱人父母祖宗就是不共戴天之仇，然而胸襟豁达的曹操却容忍了辱骂自己先人的陈琳，这份气度不得不令人叹服。曹操之所以能在汉末乱世一统中国北方，与他的这种宽宏气量不无关系。一时辱骂或许会让曹操失去面子，但是心胸宽宏却能为他赢得贤人。

在现实生活中，只有豁达、开朗、宽容的人才能接受别人，才能与他人和谐共处，才能认可他人存在的意义和作用，因而，他也就能被别人所理解和接受，能被集体所接纳，能与别人毫无隔阂地进行沟通和交流。

当心胸豁达的人被麻烦找上门的时候，他们除了会本能地承认、接受以及摆脱现实的自我纠缠之外，还有一种趋利避害的思维习惯。这为他们保持情绪的稳定与心境的明亮提供了保证，从而能快速摆脱困境，进而快乐起来。心胸豁达的人之所以能更加幸福，是因为他们选择了让自己获得满足的东西。事实上，同样一件事情，带给人的客观影响并不会有太大差别，但是豁达与否却可以让人与人的幸福感产生巨大的差距。

此外，当人拥有了豁达的心境后，常常会以自嘲的方式来思维，而显露于外表的就是以幽默的方式来摆脱困境。现实中，每个人都会有这样或那样的不足，这是无法避免的。不够豁达的人往往会拒绝承认自己是不完美的。为了不断地肯定自己的完美，只要外界有让他感觉到使自己的缺陷暴露出来的危险时，他就开始紧张兮兮地抵御，自我保护起来，久而久之，心也就变得敏感而脆弱。一个心胸豁达之人却可以免于此患，他能主动觉察自己的缺陷所在，但不会想方设法去掩饰，为自己徒增苦恼。

苏轼就是一个极为豁达的人。他一生怀才不遇、几经生死、饱经丧妻失子之痛，却没有被不幸击垮，也没有因此而郁郁寡欢。即使被贬到有“有去无回”之称的岭南时，他也没有丝毫抑郁，反而吟出了“日啖荔枝三百颗，不辞长作岭南人”的诗句。

豁达与人的宽容息息相关。一个不豁达的人，没有广阔的心胸，即使自己想宽容也是办不到的；而一个不宽容的人，总在一两件让自己不快的人或事上纠缠，眼里所看到的，心中所想到的，都只是那些事情，又怎么能够豁达呢？总的说来，豁达能够给人一片更加广阔的天空，能够让人在天空中快乐飞翔。

人生如歌，岁月如梦。人的一生很短暂，外界的得失都是身外之物，与其在意那些会让人产生诸多困扰的得失，不如选择拥有一个快乐而豁达的心胸，不计较一时的得失，以拥有宁静、幸福的生活为人生最终目标。如此一来，你的人生才会过得快乐、有价值。

在淡然恬静中自由地生活

从前，有两对夫妇比邻而居，一家穷，一家富。富的那家有良田万顷、奴仆如云，可日子过得并不开心；而穷的那家虽然只有一个铁匠铺维持生计，但夫妻俩整天有说有笑，日子过得非常开心。

富翁的老婆听见隔壁的穷夫妻俩总是在快乐地唱歌，心里十分羡慕，便对富翁说：“我们的万贯家产一点用都没有，这日子过得还不如人家穷铁匠！”富翁想了想笑着说：“谁说万贯家财没有用？有了它，我就能让他们明天唱不出声来，再也高兴不起来！”说完，拿出家里的几根金条，从墙头上扔进了铁匠家的院子里。

第二天，铁匠夫妻在院子里发现了从天而降的金条，高兴得不得了，也紧张得不得了。丈夫打算把金条卖了置些田产。妻子却马上说：“不行。被别人知道我们有金条，一定会被怀疑是我们偷来的。到时候，我们就麻烦了。”

丈夫又建议说：“那就先把金条搬到炕洞里藏起来。”妻子还是摇头说：“不行，万一一不小心被别人偷了去怎么办？”

从此，铁匠夫妻终日担心金条会被偷去，饭也不香了，觉也睡不踏实了，当然也没有心情去唱歌和说笑了。

存在主义哲学派的代表人物萨特在他的话剧《苍蝇》中，借“万神之神”宙斯之口说道：“神与国王都有痛苦，那是因为他们都没有自由。”由此可见，物质上的自由与精神上的自由相比，精神上的自由才算得上真正的自由。物质生活可以清贫，但精神生活则绝不可以清贫。不管外界有多少有形或无形的束缚，不管是得还是失，精神上都应该保持自由。

人们常说：“种瓜得瓜，种豆得豆。”一个人的追求决定了他将会得到的东西，也决定了他的命运轨迹。追求功名利禄的人，整天顾忌自己的形象，计较自我的得失，必然活得很累；而自觉追求淡然恬静的人，摆脱了荣辱得失的桎梏，做自己想做的事，按照自己的原则做人，自然是快乐、自由的。

事实上，淡然恬静的生活就蕴藏在自由的内心之中。这种自由指的是精神不受“自我”之外的因素支配，而不是无所事事、游手好闲、惹是生非的自由。简言之，自由就是顺心尽兴。心性不可太盛，不贪心但也不亏心；要顺和但不违心，不同流合污。

无论宏大的还是微小的人生，都是一个追求的过程，完全一无所求的人几乎没有。人要生存、发展，就必须要有一定的物质基础，这种物质基础不一定非常雄厚，但至少要能满足起码的生存需求。适当的物质追求也是天经地义、无可厚非的，即使拥有更多的功名利禄，只要取之有道，也是受之无愧的。但是，如果对功名利禄的欲望无休无止，并以其作为人生最高的目标和自我价值终极体现的方式，必然会失去积极的心态和平静的生活。

法国启蒙思想家卢梭曾说过，“在人所拥有的财富中，最可贵的不是盛名，也不是权利，更不是金钱，而是自由。真正自由的人，他所追求的必然是现实的，绝不会是不可能实现的；他所做的也必然是自己喜欢的……放弃自己的自由，等同于放弃自己做人的资格和权利，甚至于枉顾自己的义务。”

总之，人在淡然平静中追求自由能够使自己的存在感更强，进而更加快乐地生活。

坚守内心的宁静

某天，洞山禅师和云居禅师相聚闲聊。洞山禅师问云居禅师：“你是否爱色？”云居禅师当时正用竹箩筛豌豆，闻听此言，大吃一惊，竟然吓得把豆子都从筐里撒了出来，豌豆纷纷滚落到洞山禅师的脚下。洞山禅师笑着弯下了腰，一粒粒地捡起豌豆放进筐中。

此时，云居禅师耳边还在回响着方才洞山禅师的问话，他不知如何回答是好，原因是这个问题确实无法回答。因为“色”涵盖范围太大了！女色、脸色、颜色……穿衣时有特别喜爱的服装色彩吗？饕餮宴饮时有喜好的菜色、酒色吗？选择屋舍时有注重的墙色吗？为人处世时会察言观色吗？恋慕红颜丽人的女色吗？云居禅师将竹箩放下，心中不停地在为此翻腾。他思忖良久，方才作答：“不爱！”

洞山禅师一直从旁观察云居禅师受惊、闪躲、逃避、挣扎的表情，十分惋惜地说：“在对这个问题作答前你真的想好了吗？待到你真正面对考验之时，能否做到从容面对呢？”

云居禅师此时高声答道：“当然能！”随即他向洞山禅师脸上看去，想要得到他的回答，然而洞山禅师只是笑，并未做出任何回答。云居禅师觉得很是奇怪，于是反问洞山禅师：“那我可以问你一个问题吗？”洞山禅师依然面带笑容，说：“你问吧！”

“你是否爱女色？”云居禅师如是发问，“当你身临诱惑之时，你能否从容应对？”洞山禅师放声大笑，答道：“我就知道你会如此发问！在我眼中她们只不过是美丽外表掩饰下的臭皮囊罢了。你问我是否爱，其实这又有什么关系呢？只要心中意念坚定即可，无需看人脸色行事，也无需在乎别人是如何想的。”

云居禅师尽管嘴上说能够面对真实的考验，然而他在不知不觉中却看了洞山禅师的脸色。心中有色，便会挣扎，所以才无法回答这个问题。

究竟是什么在诱惑我们？金钱、地位、美色、权势……这世上有多少人为这些身外之物的得失而心猿意马，无法自已啊！就像上面故事中的云居禅师，尽管他一再否认自己“爱色”，然而他却一而再再而三的观察洞山禅师的神色，生怕对方看低自己。心有杂念，失去了宁静心态，自然就会表现出惊慌失措的样子，这都是因为过于在意名誉得失的原因。

佛语有云：“色即是空，空即是色。”只有眼中无色，心中才会无色。生活中，谁都难免遭遇各种各样的诱惑，这时候就需要大家像洞山禅师那种德行高深的修行者那样，始终坚守内心的宁静，坦然面对生活中的得失。

曾有这样一则寓言。

一只狼的喉咙里卡了一根骨头，它难受极了，因此便允诺，要是谁能把骨头从它的喉咙里掏出来，就重金答谢。

有一只长嘴鹤听到这个消息后，毫不犹豫地把脑袋伸进狼的嘴里给狼取骨头。

这只鹤取出了骨头后，就向狼索要酬金，狼却磨牙冷笑道：“哼！让你的脑袋从我的嘴里毫发无伤地抽出来，这已经是给你最大的报酬了。”

俗语有云：“有钱能使鬼推磨。”看来金钱的诱惑确实很大，以至于长嘴鹤居然敢把脑袋伸进狼的嘴里去谋利，真是要钱不要命！

认真算来，这真是一笔划不来的生意。虽然对方出了重金，但是自己的本钱却是用生命作为赌注，实在是太冒险了。就像狼所言的那样，长嘴鹤能够全身而退，已经是非常幸运的了。下一回，说不定狼会直接把长嘴鹤当做自己的晚餐。生活中类似这样的圈套有很多，不得不防，若是一个不小心，就会落得身败名裂、尸骨无存。

诱惑——魔鬼般邪恶的字眼，它毁灭了无数人的希望和梦想。金钱、美色、权势、地位等，让无数人心甘情愿地步入它所设的陷阱。名利蒙蔽了不少人的双眼，就算站在摇摇欲坠的悬崖边，还禁不住骄傲自得，浑然不知自己正向着万丈深渊跌落。

生活在这样一个诱惑无处不在的时代，要坚持一份内心的纯净，一份对世事的清醒，是需要相当大的毅力与勇气的。最简单的诱惑——铺天盖地的广告往往让人眼花缭乱，不知所措，本来是上了当却认为自己占了便宜，这样的事比比皆是。生活中处处都是陷阱，因此我们要始终保持一份警惕，切勿因为诱惑而迷失了自己。

总之，人生要经受得起寂寞，耐受得起诱惑，才能坚守得住内心的宁静，不被得失之心所困扰。

心境平和，内心才会充满喜悦

悠悠岁月，世事纷扰。生活在大千世界里，任何人都会有痛苦、困惑、烦忧或委屈的时候。只有淡泊名利，宽容对待生活中的各种得失，才能让自己平静从容地处世，也才能让自己活得更轻松、更洒脱。这正如一句俗话说得那样，“人生没有过不去的火焰山。”只要将心中的怨恨排除掉，怀着一颗平和的心去看待人和事，就能愉快地生活。

生活中没有克服不了的困难。当你烦恼的时候，当你与他人产生矛盾的时候，当你遭遇不顺心、不如意的时候，试着放开个人的得失心，告诉自己：“冬天过去了就是春天，黑暗过去了就是黎明。”

唐代著名高僧慧宗禅师就是一位非常想得开的人。他酷爱兰花，所以在平日弘法讲经之余，花费了大量时间栽种了数十盆兰花。

一天，慧宗禅师要去远行弘法讲经，便吩咐弟子看护好兰花。在他讲经的这段期间里，弟子们都非常细心地照顾着兰花。然而，一天深夜，狂风大作，暴雨如注，弟子们由于一时疏忽，将兰花遗忘在院子里。第二天，弟子们看着倾倒的花架、破碎的花盆、憔悴的兰花，后悔至极。

几天后，慧宗禅师返回寺庙，弟子们忐忑不安地上前迎接，准备接受责骂和惩罚。不料，慧宗禅师得知原委后，竟泰然自若，神情依然平静安详。他安慰弟子们说："我种兰花，一是希望用来供佛，二是为了美化寺庙环境，而不是为了生气。"

禅师虽然喜欢兰花，但他的内心并不因兰花的得失而受影响。的确，对于既成的事实，生气、计较都无济于事，与其大动肝火，不如心境平和地接受当前现实。"猝然临之而不惊，无故加之而不怒。"去感悟心灵的宽和与平静，心平如镜，心静如水，这不正是一种超然的人生境界吗?

著名学者胡适曾经说过，"世界上最可恶的事，莫如一张生气的脸；世界上最下流的事，莫如把生气的脸摆给别人看，这比打骂更难受。"生气是拿别人的错误惩罚自己，是最不明智的行为。胡适一生心境平和，这与他母亲冯顺弟的言传身教有着密不可分的关系。

胡适的母亲冯顺弟是他的父亲胡传的第二任妻子，胡传死的早，冯顺弟23岁便开始守寡。虽然从名义上来说她是一家之主，但是胡传前妻所生的儿子和儿媳妇对她的态度始终是不友善的。

胡传与前妻所生的长子，从小便不成器，后来又染上吸食鸦片、赌博的恶习，挥霍无度，并欠下了许多债务。每年除夕，总有一帮债主前来讨债。对此，冯顺弟虽然心里也有些不满，但她依旧心平气和地料理着过年的事情。直到半夜，她才从后门出去，给每个债主塞一些钱，说些好话，将他们支出家门。长子回家后，冯顺弟从不骂他，更不在脸上挂一点愠色，一家人还是和和美美、欢欢喜喜地过年。

冯顺弟用她那博大、慈祥、宽容的胸怀，给儿子胡适树立了做人的好榜样。胡适处处与人为善，待人温厚、宽容、大度，一生朋友遍天下。

尽管宽容那些曾经伤害过我们的人，并不是一件容易的事，但是只有这样做了，才能使自己心境平和。平和展现的是一种心性的修养，是一种道德的修养，同时，平和还是对人生和社会呈现的一种境界，是一种不可或缺的处世哲学。总之，只有心境平和，才能真正享受内心的喜悦。

面对纷扰的人生，做到宠辱不惊

萧伯纳曾经说过：“人生有两种悲剧，第一种是欲望得不到满足，第二种则是欲望得到满足。”欲望得到满足，人们会得意忘形；欲望得不到满足，人们又会失意沮丧。面对纷繁复杂的人生，面对外界的种种诱惑，面对人生的成败、得失，我们只有宠辱不惊，才能感悟到生活的真谛，也才能获得真正的宁静、安心及幸福。

居里夫人曾两度获得诺贝尔奖，可谓物理学界的翘楚，然而她自己却并不以为然。出名之后，居里夫人依然像往常一样钻进实验室里埋头苦干，相夫教子。她没有像别人一样把代表荣誉和成功的金质奖章束之高阁，而是随便扔在屋子里给小女儿当玩具。有的客人见了感到很惊奇，居里夫人却笑着说：“我想让孩子们从小就明白，荣誉就像玩具一样，只能玩玩，但绝不能永远地守着它，否则将一事无成。”

居里夫人的精神是难能可贵的。而有些人却不是这样，他们稍微做出了点成绩，有了点小名气之后，就开始沾沾自喜，自以为功成名就，从此便开始懈怠。殊不知这种自以为是的做法就等于自取灭亡。面对纷扰的人生，只有做到宠辱不惊，才能自得其乐。

《菜根谭》上说：“此身常放在闲处，荣辱得失谁能差遣我；此身常在静中，是非利害谁能瞒昧我。”这段话的意思是说，经常把自己的身心放在悠闲的环境中，这样世间所有的荣华富贵、成败得失就无法左右我了；经常把自己的身心放在静谧的环境中，这样人间的功名利禄、是是非非就不能蒙蔽我了。

在生活中随缘而安，即使身处逆境，仍从容自若，以超然的心态看待苦乐年华，以平常的心境面对一切荣辱得失。然而，只有以平常心看人生才会发现生活的美，以平常心做人才能宠辱不惊，洒脱适意，襟怀豁然。平常心不但可以给予我们一双潇洒和洞穿世事的眼睛，而且也可以使我们拥有一个坦然充实的人生。

在社会竞争日益激烈的今天，一种平和的心态，对身体的健康和事业的成败都至关重要。当然，平常心是需要经历失败，并且需要不断努力奋斗，才能历练出的一种人生境界。它不被虚荣所诱惑，不因一切浮华所沉沦。

时光如梭，人生短暂，要想快乐地品尝人生的盛宴，需要拥有一种宠辱不惊、不卑不亢的平常心态。我们不用羡慕别人身上的美丽光环，只要拥有一份平和的心态，根据自身条件选择人生的目标和努力方向，勇敢地面对人生的各种挑战，无愧于社会和他人，无愧于自己，我们的心灵圣地就一定可以充满灿烂的阳光，开满美丽的鲜花。

宠辱不惊，不仅是一门生活艺术，还是一种处世智慧。人生在世，生活中有褒有贬，有毁有誉，有荣有辱，这些都是人生的寻常际遇，不足为奇。古往今来许多事实证明：凡是有所成就者，无不具备“宠辱不惊”这种极宝贵的品格。面对所有事情，我们要荣也自然，辱也自在，处之泰然。

作家冰心曾经亲自写下这样一句话，“有了爱就有了一切。”看到这句话，不禁让人感到自己的身心得到了净化，受到了一种圣洁灵魂的感染。在冰心的身上，我们看到的永远是一种旺盛的生命力，是一颗跳动了近百年的、在不停思考的、不懈奋斗的从容之心。

老了之后，冰心虽然行动不便，但每天早晨起床后就大量阅报读刊，了解文坛动态，然后就提笔为文，挥洒自如，小说、散文、杂文、自传、评论、序跋……无所不写。在遗嘱里，她还写下了这样的句子，“我悄悄地来到这个世上，也愿意悄悄地离去。”

只要做到宠辱不惊，就拥有了豁达和超然的心境，宠也好，辱也好，都可泰然处之。失败了，转过身擦干痛苦的泪水，继续努力；成功了，向所有支持者和反对者致以诚挚的微笑，继续奋斗。

生活就如同弹琴，弦太紧会断，弦太松却弹不出声音。胜易骄，败易馁，只有宠辱不惊才是悟道之本。古今中外的伟人，他们都有一个共同的特点，即遇事不慌张，沉着冷静，能够正确判断自己所处的局势，然后及时应变，这才取得了令人瞩目的成就。一般来说，大多数人只要不是处在激怒或疯狂的状态下，都能够保持自制并做出正确的决定。拥有一个宠辱不惊的心态，不但可以在平时给生活带来幸福、稳定及畅快，而且还能在大难临头的时候，帮助我们逢凶化吉，转危为安。

在物欲横流、到处充满诱惑和陷阱的社会中，能保持一颗宠辱不惊的心并非是一件简单的事。因为，一旦拥有了一颗宠辱不惊的心之后，万事都会被看得平平常常，所以如何历练自己，让自己拥有不计得失、宠辱的心态也是一门学问。

当然，保持宠辱不惊的心态绝不是满足于现状。人类的伟大在于永不休止地渴望和追求美好的事情，历史的不断变化更在于千百万创造历史的人们永无休止地劳作。如果把生命看做是一条长河，那么生活便是一叶小舟。生命的乐趣，不仅来自于与惊涛骇浪的奋勇搏击，还来自于对细波微澜的默默深思；既来自于对高山伟岸的深深敬仰，又来自于对草地低谷的切切爱怜。

保持平常心，宠辱不惊，是人生的一种境界。它不是平凡，而是源于对现实清醒的认识，来自于灵魂深处的表白。人生在世，不一定非得权倾四方、八面威风，也就是说，最舒心的享受不一定是荣誉得到满足，而是性情的恬淡和恬然。所以说，宠辱不惊，用一颗平常心去对待、解析生活，才能不计较人生的得失，才能领悟生活的真谛，也才能体会到平平淡淡才是真。

第九章
得意时淡然，失意时坦然

人生有高潮就有低谷，有得意的时候就有失意的时候。然而，得意也好，失意也罢，既然结果已经注定，无论是得是失，我们都要欣然接受。

当你得意的时候，要保持淡然的心态。因为只有淡定地面对成功和收获，才能享受心境的宁静和生活的美好；当你失意的时候，要保持坦然的心态，敢于直面不如意的事实，因为只有勇敢面对失败和伤痛，才能成为真正的智者。不要太在意个人的得失，只有做到胜不骄、败不馁，才能从失败走向成功，从一个成功走向另一个成功。

直面不如意的事实

有这样一则寓言故事。

有一个人在森林中赶路的时候，突然遇见了一只饥饿的老虎，老虎大吼一声就扑了上来。他拔腿就跑，但老虎在后面紧追不舍。他一直跑……最后被老虎逼到了悬崖边上。望望深不见底的悬崖，又看看老虎，他想："被老虎捉到，是死定了，而且还会受尽折磨。跳崖反而会有一线生机。"于是，他纵身跳了下去。

非常幸运的是，他挂在了一棵树上，树上还结了不少果子，看样子已经熟了。他庆幸地想："这下好了，只要我慢慢地爬下崖去，就安全了。并且，还可以摘些果子带回家。"这时，他突然听到树下传来一声巨吼，往下一望，才发现一只狮子正如饥似渴地望着他。他苦笑了一下，自言自语地说："被老虎吃也是吃，被狮子吃也是吃，况且现在我还在树上，它们谁也吃不到我，我还担心什么呢？"

就在他放下心来的时候，他听见头上传来一阵异响，原来是两只老鼠在用挂着他的树枝磨牙。他又是一阵惊慌，不过很快又安下心来，他想："树枝断了，掉下去摔死，总比被狮子生吞活剥好。"平静下来后，他觉得饿了，于是就伸手摘果子吃，吃饱之后，他又想：

“既然迟早都是死，不如在死前美美地睡上一觉！”

等他从梦中醒来的时候，他发现老鼠、狮子及老虎都不见了，自己终于脱离险境了。

原来就在他睡着的时候，老虎饥饿难耐，也从上面跳了下来，结果碰到了下面的狮子。为了保证自己对食物的所有权，狮子和老虎展开了激烈的搏斗，它们边打边吼吓跑了老鼠，而它们俩最后也双双负伤逃走。

倘若故事中的主人公无法坦然面对深陷险境的状况，只要稍微一个不小心，就会命丧黄泉。正所谓“人活一世，没有谁能够万事顺意”。面对既成的不如意之事，既然我们无法改变，与其怨天尤人、徒增苦恼，还不如面对现实，适应环境，在既有的条件中让自己获得最大程度的快乐。

其实，适应就是一种接受。由于人贪恋安逸的天性，当苦难降临时，不少人往往会拒绝走出昨天，拒绝直面不如以往的环境，接受这种现实的变化。拒绝接受，就是不愿失去曾经拥有的。然而，事实就是事实，它不会因为“拒绝接受”就不存在。时光在流逝、生活要继续，即使不愿意，人们也必须接受。

那么，什么是接受呢？接受就是在心理上认同，在情感上容纳。接受不是因为怀念安逸的日子而生活在过去，而是面向未来重新整装出发。

适应的过程必然是痛苦而艰难的，因为我们要从心理上摆脱对自己最在乎东西的眷恋和依赖。生活中，许多人都因为不能适应现实而借酒浇愁、消极逃避，使自己生活在黑暗之中。因此，能否懂得“适应”和是否善于“适应”，正是检验人们的才智和勇气的试金石。而懂得和善于“适应”的人才能拥有圆满的人生。

有“歌曲之王”之称的舒伯特就曾说过：“只有那些能安详忍受命运之否泰者，才能感悟到真正的快乐。”当“不如意”已经成为事实，勇敢面对并且从容地由不如意中找到一条通往光明的新路，才是求得快乐、宁静的最好办法。

总之，人生在世，有得必有失，有些东西既然失去了就不必耿耿于怀。真正的智者敢于直面不如意的事实，敢于坦然面对生活中的失败、不幸及困苦。然而，只有做到了坦然面对生活中的不如意，才能够获得真正的快乐。

人生不如意事十之八九

在现实生活中，每个人都可能会遇到不如意的事。挫折也好，磨难也罢，这些都是人生的必经的路，是每个人都要接受和克服的。如果将人生比作一条长路，那么不如意就是路上的泥泞坎坷。只有走过泥泞坎坷的人，才能在人生的路上留下见证自己价值的足迹。走过了泥泞坎坷，才能更珍惜康庄大道的顺遂；在泥泞坎坷中爬起来，才能在今后的路上更加谨慎小心。俗话说得好："人生不如意事十之八九。"只有经历了挫折，接受挫折，人生才会有抗击挫折的能力。只有经历过挫折的人，才会知道人生的顺遂是多么难得；只有走过了风雨的人，才能知道风雨后的彩虹是多么可贵。

一位智者曾对他的徒弟说："晴天的路走过一百遍也不会有足印，而阴雨天的泥泞路只要走过一次，就可留下深深的足印。"倘若我们的一生一直走在平坦、坚硬的柏油马路上，是不会留下任何印记的，而只有走在泥泞坎坷的乡间小路上，才能留下深深的足印。也就是说，只有那些在风雨中走过的人们，才知道痛苦和快乐究竟意味着什么，也才知道风雨过后的彩虹是多么绚丽。而他们在泥泞坎坷中留下的足印，则是他们人生价值的见证。挫折是一种失去，也是一种得到，正是因为失去了顺遂，才得到了历练。

1982年，18岁的马云第一次高考失败，之后他当过秘书、做过搬运工。后来，因为读了路遥的代表作《人生》，决心再次参加高考。1983年，马云再次高考落榜。1984年，马云第三次参加了高考，这次他终于进入了杭州师范学院英语系。毕业后，马云当了一名英语教师。

1994年，30岁的马云开办了杭州第一家专业翻译社——海博翻译社。在一个偶然的机会他发现了互联网，并认定这是一个金矿。1995年4月，他投入7000元，并向亲戚借了两万元，创建了“海博网络”，产品就是“中国黄页”。营业额上去了，互联网普及了，马云却因为与杭州电信实力悬殊，而被迫与之合作。之后，马云和杭州电信分道扬镳，放弃了自己的中国黄页。他的第一次创业宣告失败。紧接着，他又遭遇了第二次创业失败。但是，这一次次失败并没有让马云放弃创业之路。

1999年2月，马云开始向18位创业伙伴发表了激情洋溢的创业演讲。这次，马云注册了一家电子商务公司，注册资金只有50万元，办公地点就设在他的家里。最拥挤的时候，马云家里坐了35名员工。这些员工的工作状态是几近疯狂的，他们每天要持续工作16~18个小时，困了就席地而卧。而阿里巴巴网络公司就这样孕育、诞生在马云家中。

马云两次高考落榜，做过搬运工、蹬过三轮、当过小贩，也曾两次创业失败，推出中国黄页的时候被人称为骗子，创建阿里巴巴网站的时候被人当成疯子……这些挫折在他的生命长路上都留下了深深的印迹，而顽强、肯吃苦、不认输、不放弃，这些都是马云所得到的。正是这无数次的挫折和失败，才让马云拥有了得失的智慧，也才成就了他如今的成功。

挫折是泥泞人生道路上的脚印，当回望的时候，你会发现它们是如此的重要，它让你的人生变得丰富、立体起来。倘若一个人总是一帆风顺，那么他的内心往往是脆弱的，经不起任何的风吹雨打。唯有经历了挫折、磨难的磨砺，他才能在未来的道路上扛得住失败、打击，也才能够看轻人生的得失。人是在挫折中成长的，每一次挫折就是一块绊脚石，把这些“石头”拼起来，就造成了通向成功的彩虹桥。顺境中的人往往少有作为，经历了苦难磨砺的人往往能够大有作为。

无论是谁，如果想成就一番事业，就必须迎击生活中的风雨，因为只有经过风雨的洗礼，才会品味到人生的喜怒哀乐，才会在挫折中坚强，在失意中奋起，在痛苦和磨难中走向新的目标。

当你有幸经历贫穷，当你有幸经历低潮，当你有幸经历意外，不要把这些当做是命运的磨难，如果一味埋怨、一味堕落，你将永远不会翻身。只有敢于和勇于在泥泞道路中行走的人，才能在逆境之中奋发，闯出一片属于自己的天空。

淡定人生，享受心灵的宁静

一位大学教授向他的学生问道：“什么是你的人生目标？”

学生答道：“健康、爱情、名誉、财富……”

不想，教授却不以为然地说：“你将最重要的一项给忽略了——心灵的宁静，忽略了它，以上所述都会给你带来可怕的痛苦。”

歌德曾说过，“天才在寂静中形成，在人生的激流中形成特性。”在忙碌的生活中，人唯有淡定，方可享受心灵的宁静。然而很多时候，不少人的心灵都被外物所遮蔽、掩饰，浮躁的情绪充斥着他们的整颗心，故而使他们在人生中留下诸多遗憾。

在学业上，因为还不会倾听内心的声音，因此盲目地选择了别人认为最有潜力与前景的专业；在事业上，不去重视内心的声音，在人云亦云的热潮中，盲目地选择那些被众人看好的热门职业；在爱情上，因外界的作用扭曲了内心的声音，由于经济、地位等非爱情因素而错误地选择了爱情对象……

在高速发展的当今社会，高效率和高速度成了现代人追求的目标。虽然这种快节奏的生活模式给人们带来了更为舒适的物质生活，但与此同时，也使人们丧失了一些从容、理解及淡定。人们发自内心的声音逐渐被淹没在了这种繁忙与喧嚣之中，人自身的灵性和光彩在物质欲望中渐渐沉沦，能够留给自己的内心空间被压缩到了极致，其自身也变得更加狭隘。在这种境遇下，人们的心理开始被扭曲，这使人们感觉恐惧和害怕，并时刻渴望在内心阴郁的日子里找到心灵的平衡。

生活的紧张、繁忙很容易让人们的心境失衡。一旦人们失去生存的安全感，开始患得患失，无法以宁静的心灵，面对无穷无尽的诱惑时，其自身就会倍感心力交瘁或迷惘躁动。而只有保持宁静的心灵，才不会对显赫的权势眼热，才不会去奢求无数的金银，才不会去追求蜚声四海的名誉，才不会去艳羡豪宅府邸。因为，种种的眼热、奢望、乞求及羡慕，都会使生命的负荷加重，加剧人们心里的浮躁，最终使自身被沉重的得失心累垮。

在一条老街上住着一位老人，他以卖铁锅、菜刀及剪子为生，并且始终坚持着非常古老而传统的经营方式。他自己坐在门内，而货物却摆在门外。老人既不吆喝，也不还价，到了晚上也不收摊。你不管什么时候打这儿经过，都会瞅见他躺在在竹椅上，一个半导体收音机拿在手中，一把紫砂壶摆在身边。他的生意从无好坏之说，始终平平淡淡，每日的收入虽不多，却也够他喝茶和吃饭的。年老的他，已不再需要更多的东西，因此他很满足。

某日，一个文物商人经过老街，无意中看到老铁匠身旁的那把紫砂壶，那把壶看上去古朴雅致、紫黑如墨，像是清代制壶名家戴振公的风格。文物商人走上前去，顺手拿过那把壶，在壶嘴内发现了一记印章。果不其然，这正是戴振公亲手制作的紫砂壶。

商人喜出望外，因为戴振公有捏泥成金的美名，据说他的作品目前仅存两件，一件在美国纽约州立博物馆里，另一件在泰国某位华侨手里，是1993年在伦敦拍卖市场上，花了16万美元的拍卖价买下的。

商人拿着那把紫砂壶，打算用10万元的价格买下。当他报出这个数字时，老铁匠先是吃了一惊，随即又拒绝了，原因是那把紫砂壶是他爷爷留下的，他们祖孙三代打铁时都用它喝水，而他们的汗水也都来自它。

尽管茶壶没卖，可是商人走后，老铁匠平生以来第一次失眠了。他用那把壶喝了近60年的茶水，并且始终以为那是一把普普通通的壶，如今居然竟有人要花10万元的价钱买下它，实在是太不可思议了。以前，老铁匠躺在椅子上喝水，总是闭着眼睛把壶放在小桌上，如今却总要坐起来再看一眼，这让他感到十分不舒服。最让老铁匠无法容忍的是，当人们听说他有一把价值连城的紫砂壶后，他的家就开始变得人流如织，有人问还有没有别的宝贝，甚至有人开始向他借钱，更有甚者居然有人晚上来推他的门。老铁匠的生活被彻底搅乱了，他不知该如何处置这把壶。

当那位商人带着20万元现金再次登门的时候，老铁匠实在是坐不住了，他请来左右店铺的人和前后邻居，并且当着大家的面将那把紫砂壶砸了个粉碎。

如今，老人依然在卖铁锅、菜刀及剪子，据说他如今已经一百多岁了。

当人们心中有了外物的牵挂，心灵就会变得不平静，这正如故事中的老铁匠被一把价值不菲的紫砂壶搅乱了原本宁静、惬意的生活。

幸好老铁匠是睿智的，他毫不留恋地砸碎了那把令众人眼热的紫砂壶，也打破了物质对自己的牵绊，从而得以回归心灵的宁静。

心灵的宁静是一笔财富，一笔融入丰富智慧的财富。这笔财富的积累需要很长的时间，它体现了一种与生活的苦难长期斗争、超越世俗而沉淀出的成熟，也体现了一种“泰山崩于前而面不改色”的冷静、淡定品质。一个人具备了心灵的宁静，就意味着他的思想逐渐丰盈成熟，并对人生得失的哲学有了一种异乎寻常的了解。

宁静能够沉淀出生活中诸般纷杂的浮躁，过滤出浅薄粗陋等人性的渣滓，能够避免各种鲁莽、无聊、荒谬的事情发生。宁静是一种气质、一种修养、一种境界、一种充满内涵的悠远。泰然自若、沉默淡定，常常要比气急败坏、声嘶力竭更具有涵养和理智。

总之，唯有心灵真正宁静的人，才能成大器。

淡然面对“成功”的压力

一个人在成长的过程中，每天都在往自己的肩上增加砝码，希望自己能够承担起越来越多的责任，希望自己能够获得认可和成功。这些希望累积在一起就成了让人倍感压抑的“成功”压力。什么是成功呢？有些人认为功成名就才算成功，其实不然，照顾好年迈的父母是一种成功，教育好年幼的孩子是一种成功，快乐地过好每一天也是一种成功。名利的得失并不是成功的唯一判断标准，我们应该淡然面对名利、金钱以及它们所带来的“成功”压力。

虽然金钱常常是事业计划的中心，而且不少人认为金钱可以让自己快乐，然而事实上并非如此。不少人常常因为要去追逐那些只能用金钱换算的成功，把自己压得喘不过气来，透支自己的健康、快乐，等到醒悟过来的时候却为时晚矣。

其实，不少人在对成功的理解上存在一个误区，进而不了解自己对成功的真正看法。在我国的传统文化里，经常会把成功和金钱、奖励及成就画上等号，而要得到这些所谓的成功就要承受巨大的精神压力，可是最终大家会发现真正的成功人士只能是一小部分人。然而，大家为了成为众人眼中的那一小部分，把自己搞得心力交瘁，实在太不值了。

而且，许多大家认为成功的人也有矛盾的想法，他们的自我价值感也很低。《时代》杂志引述乌玛·瑟曼的话，“我发现怪异的事会吸引我的注意力。许多明星认为自己很丑，没有才华，而且还有自卑感。很多外表上看起来很成功的人，反而认为自己并没有成功的感觉，希望自己能做其他的事。”

不论你认为自己是什么样的人，生活中所扮演的角色都限制了自己。每个你所扮演的角色都带有一套规则和限制，对你来说，越是紧抓着自己的角色，就越有压力，就越难发挥出自己真正的潜力。

南希是家中四个孩子里的大姐，她相当负责任，而且因为“很懂事”而得到许多赞美。南希很早就了解愚蠢或幼稚并不为人所接受。在学校时，她很负责，每天都准时上学，并且会把所有的作业做完。当老师需要志愿者时，她总是第一个报名，而且她从来都不缺席。

多年来，南希认为负责任这个角色很重要，这种想法限制了她。事实上，要负责任的重要性完全主导了她的人生。她总是说：“我一定准时，而且我说到做到。”南希常常会承诺去做自己没有兴趣的事，只是因为她想做个负责的人。

到了青少年时期，她觉得自己的责任感为自己带来许多压力，而这些压力已经使自己无法承受。因此，她的性格来了一百八十度的大转变，她变得相当不负责任。有一小段时间，南希不上学，不帮忙做家务，并且因为吃药而染上了一种药瘾。她把所有不好的事都藏在心里，甚至对心理治疗师都不说一句话。

可以说，南希不是一个用心来生活的人，因此她最后毫无悬念地

失去了自己的生活。

人们往往把压力等同于动力，可是不管从科学的角度还是从生活的角度来讲，这一公式都不成立。因为在大多数情况下，压力不仅不能转化为动力，反而还会阻碍潜能的发挥。很长时间以来，不少人都生活在这种错误的观念之中，直到最近几年他们才意识到，过重的压力已经严重损害了他们的心理和身体健康。所以说，压力与动力之间没有任何必然的联系。

当然，这不代表大家可以对自己或别人不负责任。一个人的责任感是衡量其品质的重要标准，缺乏责任感的人自然得不到社会和自己的认同。但是，大家也要知道，不能让责任成为压力，每个人肩上所担负的责任都很多，如果将它们统统视为压力，那么一个人是无论如何都走不远的。

总之，成功并没有具体的定义，它是因人而异的。人生在世不过数载，切不可把名利、财富当做成功的唯一标准，每个人都应该淡然面对名利，淡然面对“成功”的压力。

坦然面对失败

决定成功与否的关键因素是一个人如何对待失败，而对待失败最好的方法就是坦然面对。能够从失败的阴霾中走出的人必定会取得巨大的成功。任何希望获得成功的人都必须有一颗永不言败的决心，并找到战胜失败、继续前进的法宝。不然，失败必然导致失望，而失望只会使人一蹶不振。

有些人之所以害怕失败，是因为他们害怕失去自信心，他们试图将自己置于万无一失的位置。不幸的是，这种态度会把他们困在一个不可能做出什么杰出成就的位置。还有些人惧怕失败，是因为他们害怕失去第二次机会。在他们看来，万一失败了，就再也得不到第二个争取成功的机会了。如果这些人知道无数著名的成功人士开头都曾失败过，那么也许他们对待失败和伤痛的态度就会大不一样。

艾柯卡曾任职世界汽车行业的领头羊——福特公司。由于其卓越的经营才能，地位节节高升，直至坐到福特公司的总裁位置。然而，就在他的事业如日中天的时候，福特公司的老板福特二世却出人意料地解除了艾柯卡的职务，原因很简单，因为艾柯卡在福特公司的声望和地位已经超越了福特二世，他担心自己的公司有朝一日会改姓为

“艾柯卡”。

此时的艾柯卡可谓是步入了人生的低谷，他坐在家中的沙发上思考良久，最终坦然接受了自己职业生涯中最惨痛的失败，并毅然而果断地下了决心，离开福特公司。

在离开福特公司之后，有很多家世界著名企业的头目都曾拜访过艾柯卡，希望他能重新出山，但均被他婉言谢绝了。因为，他心中有了一个目标，那就是“从哪里跌倒的，就要从哪里爬起来”。

最终，艾柯卡选择了美国第三大汽车公司——克莱斯勒公司，这不仅因为克莱斯勒公司的老板曾经“三顾茅庐”，更重要的原因是当时的克莱斯勒公司已是千疮百孔，濒临倒闭。艾柯卡要向福特二世和所有人证明：我不是一个失败者！

进入克莱斯勒公司之后的艾柯卡，进行了大刀阔斧的整顿和改革，带领克莱斯勒公司走出了破产的边缘。如今，艾柯卡拯救克莱斯勒公司已经成为一个著名的商业案例。

事实证明，能否坦然面对生活中的失败，决定了一个人最终的成败。如果内心认为自己失败了，那么你就永远地失败了。这正如诺尔曼·文森特·皮尔所言的那样，“确信自己被打败了，而且长时间有这种失败感，那么失败就有可能真的成为事实。”而如果不承认失败，认为失败只是一时的，那么你就会有成功的一天。

其实，那些不愿意接受失败的人，只不过是不敢面对自己而已。让自己一直纠缠在失败之中，最终带给自己和别人的是超出失败本身之外的另一种痛苦。因此，面对失败，最好的方法就是坦然面对、接受它，让它过去。懂得在失败面前转身的人是明智的，因为他将在转身中获得另一种重生。只有学会在失败中转身，我们才不会把未来也赔上。

亨利·福特曾说过，“失败不过是一个更明智的、重新开始的机会。”他本人也有过失败的直接体验。他头两次涉足汽车制造业时，均以破产失败告终，但第三次他成功了。福特汽车公司至今仍然充满活力，仍是世界最大的汽车生产商之一。

另一个有名的“失败”故事的主人公是一名年轻人。他的梦想是进入美国西点军校，毕业后服务于国家。他两次报考均未被录取，第三次报考时终于如愿以偿。这个年轻人就是道格拉斯·麦克阿瑟。后来，他成为美国最高级将领之一，在第二次世界大战期间担任太平洋战区盟军总司令。就像亨利·福特一样，麦克阿瑟也从来没有放弃过自己读西点军校的愿望。

没有人一生从不失败。未曾失败过的人恐怕也未曾成功过。失败就是迈向成功所应缴的学费。然而，能够及时调整自己的心态，从失败的阴影中走出来，本身就是一种成功。如果不想让别人总是以一种同情的目光看着自己，你就必须坦然地面对失败，并且下定决心让自己站起来。

生活中，梦想与现实常常会发生冲突，梦想的未必能够获得，能获得的却未必是自己所梦想的，然而这就是生活。坦然面对现实，面对失败，这样才能转变思想，才能选择另外可行的道路，也才能重燃自信的火把，照亮自己的人生。正所谓“世上没有绝望的处境，只有对处境绝望的人”。如果你明知道坦途就在前方，那么何必为了一些小障碍而止步呢？

失意时，请把烦恼沉入心底

每个人的生活中都会有这样或那样的不如意，这是很正常的。当你遭遇失意时，以一种积极、洒脱的心态去面对，不去纠缠那些不顺心的人和事，让自己所有的烦恼都沉入心底，你就会发现生活原来是如此明媚、灿烂。

人生失意是在所难免的。大多数人的生活都是喜忧参半，都要经历数次的获得与失去、欢乐与痛苦、成功与失败。正如一年四季，有春光明媚，也有寒冬酷暑，人生也不可能总是阳光明媚、鸟语花香，它同样会有无奈、困苦、失败与失意。当失意到来时，我们要像大海一样，以包容万物之心，来沉淀浮躁、苦闷与悲伤，从而换得洒脱、明澈与轻松的心境。

小杨是个很情绪化的人，一遇到不顺心的事，他的心情就会异常烦躁，不知道如何是好。对于自己的性格弱点，小杨十分清楚，然而却找不到一个较好的方式来化解。

大学刚毕业时，小杨的心情极度低落。他在一家公司上班，不仅工资低得可怜，而且与同事之间还纷争不断，对于那里的工作环境他也一直难以适应。令他更为难过的是相爱多年的女友也离他而去。在诸多不顺的多重打击下，他的内心变得异常脆弱。

亲朋好友的劝慰，他一点都听不进去。在这种极度的失意中，悲伤不已的小杨选择了逃避和沉沦。后来，他的父母实在看不下去，就让小杨的哥哥陪他去找心理医生咨询一下，希望他能够摆脱现在的困境。起初，小杨很抵触，经过心理医生的开解，他终于把自己内心的痛苦全部吐露出来。

心理医生听完了小杨的诉说之后，微笑着指着桌子上水杯里的水说："你看这只放了很久的杯子，差不多每时每刻都有灰尘落入里面，但你看它依旧是清澈透明的。你知道这是什么原因吗？"

小杨仔细观察后思索了一番，若有所悟地说道："所有的灰尘最后都沉淀到杯子底下了，所以杯子里的水才会一直清澈。"

心理医生听完，赞同地点点头说："生活中让人烦恼的事情太多了，有些事情你越想忘记就越不易忘掉，那就索性让他们都沉入心底好了，就如同这杯水一样。假如你不断震荡自己，就会使心灵混沌一片，不得安宁。而假如你愿意不骄不躁地让它们沉淀下来，胸怀包容之心，容纳它们，如此一来，你的心灵就不仅没有受到感染，反而更为纯净了。"

上善若水。水能沉淀万物，而不改澄澈之心；人若沉淀万物，则心境便越宽，智识便越高。

在生活节奏不断加快的现代社会，人们每天忙忙碌碌、疲于奔命，经常感觉到生活劳累。物质生活优越了，却没有时间充实自己的精神世界。为什么社会在不断进步，而人们的压力却越来越大，精神越来越空虚，思想也越来越浮躁呢？

这是因为，社会进步在提升物质文明层次的同时，也使人与自然之间的距离越来越远。并且，越来越多的人陷于世俗泥沼之中，他们忙着追逐外在的物欲，忽略了精神世界的滋养。财富、权力、地位、名誉的争夺让不少人费尽心思，让他们迷失于成败得失之中，一旦自身的期望难以实现，就会情绪失落、消沉，甚至丧失自己的意志。若要克服这种失落、消沉的负面情绪，就需要不断修炼自己的内心，让自己的内心变得强大。

人生总会有缺憾，用一颗平静的心来看待世事的变化，就不会和他人做无谓的攀比计较，而会倍加珍惜自己所拥有的一切。静下心来细数自己所拥有的东西，每一个人都会发现自己其实拥有很多值得珍视的东西。

总之，取得了一点成绩不意味着前途一帆风顺，遭受了失败也不意味着前途暗淡无光。正确看待个人的荣辱得失，得意不骄狂，失意不失志，这样才能在社会的磨砺中有所历练，进而使自己的人生获得不一样的精彩。

以宽容之心对待伤害

生活中，每一个人都可能遭受到一些伤害。然而，并不是所有的伤害都要记住，然后计算得失，睚眦必报，从而不让自己吃亏。面对别人给我们带来的伤害，不管是有心也好，无心也罢，我们都要学会以宽容之心来对待。因为，别人带给我们的伤害是别人的错误，如果我们在意这些伤害，就是拿别人的错误来惩罚自己，很明显这是不明智的。宽容大度者不仅会将自己所受到的伤害忘得一干二净，而且还会用热诚去填平生活中的洼地，以使自己未来的路更平坦。

在这个充满竞争的时代，遭受伤害是不可避免的。智力成果被他人夺走，取得的成就被刻意贬低，原本幸福的感情出现裂痕，多年良好的关系突然破裂……数不清的伤害让我们的所有努力付之东流，换回的却是悲痛与伤害。然而，若与那些伤害过自己的人“冤冤相报”，便会让自己陷入了功名、利禄以及感情争斗的恶性循环之中。

在智者看来，一切皆是浮云，人们应当学会忘却，不必对所有不好的事情都耿耿于怀。伤害导致了怨恨，一味地憎恨只会徒增烦恼与痛苦，使人们失去生活的乐趣，无论有多少正当的理由，憎恨始终是一味于人于己都没有好处的毒药。

“春有百花秋有月，夏有凉风冬有雪。若无闲事挂心头，便是人间好时节。”记住美好的回忆，忘记让人痛心的伤害，让自己活得洒脱，内心没有任何困惑，这样美好的未来才能展现于你的面前。

这正如一位智者所说的那样，“把别人带给自己的痛苦与伤害刻在沙滩上，让它们在潮起潮落的瞬间变得了无痕迹；将别人的关心与爱护刻在石头上，任凭风吹雨打永不消退。”对待别人给你的伤害，要怀有宽容之心，因为宽容别人的同时也是宽容自己。

阿里是一位著名的作家，某次他和两位朋友吉伯、马沙一起外出旅行。三个人经过一处山谷的时候，马沙一不小心失足滑落，眼看就要坠入山谷。吉伯急忙一把拉住了他，将他救起。于是，马沙便在山谷附近的大石头上刻下了一句话：某年某月某日，吉伯救了马沙一命。之后，三人便继续前行。

几天以后，当他们赶到一处河边时，吉伯与马沙为了一件不起眼的小事争吵起来。一气之下，吉伯竟用力打了马沙一耳光。于是，马沙跑到沙滩上又写了一句话：某年某月某日，吉伯打了马沙一耳光。

当他们旅行结束之后，阿里对马沙的行为感到不解，便试着询问马沙为何要将吉伯救他的事刻在石上，而吉伯打他的事却写在沙滩上。马沙答道：“吉伯救了我的命，我会永远铭记于心。至于他打我的事情，就如同沙滩上逐渐消失的字迹一样，我已经忘了。”

记住别人带来的恩惠与宽容，忘掉别人带给你的毁伤与仇怨，马沙做到了，这也说明了他具有宽容的心胸和包容的性格。世事变化，伤害在所难免，让诋毁与误会随风消逝，让理解和宽容永远铭刻在人们的心中，这是智者的人生经验总结。包容天地万物，我们也能和马沙一样拥有辽阔无边的心灵世界。

宽容就是要学会忘却。每个人都会经历痛苦与忧伤，若不能忘却痛苦与忧伤，身心的伤害则永远难以愈合。忘却职场上的是非，忘却情感上的打击，忘记别人的指责与谩骂，让伤害随风而去。纪伯伦曾说过，“忘记是自由的一种形式。”忘记那些曾经令自己受伤的人和事，怀着一颗宽容的心，试着将它们消散于美好的心灵之中，这样就会使你达到一种自由的境界。

一天，古希腊哲学家苏格拉底与一位老朋友在雅典城里一边散步，一边闲谈。忽然一个不知从哪里冒出来的年轻人用棍子打了苏格拉底一下，然后急忙逃走了。朋友见状，马上就要找那个人算账。苏格拉底却连忙将朋友拉住，不让他去报复。

朋友觉得难以理解，便生气地说：“难道你惧怕这个人吗？”苏格拉底回答说：“当然不是。”朋友追问：“那么他毫无缘由地打了你，你怎么不还手呢？”听完朋友的怨言，苏格拉底笑着说：“我的朋友，难道一头驴子踢了自己一脚，自己也非要踢它一脚不可吗？”

苏格拉底的话虽然有些尖刻，但它却让大家领会到了宽容、退让的道理。正是因为宽容别人对自己的伤害，及时忘掉生活中的不快，让心灵变得更自由，苏格拉底才会拥有伟大的思想成就。

在现实生活中，怨恨、不快及委屈是经常会出现的事。假如我们不懂得宽容、退让，不学会遗忘，只是一味地针锋相对，寸步不让，那么怨恨就会像病毒一样传播得越来越广。面对伤害，最好的选择就是不念旧恶与新怨，以一颗包容与理解的宽广胸怀，做到得饶人处且饶人，甩掉身上沉重的包袱，轻装前进，进而使自己的心灵变得纯净，自己的生活也变得轻松而愉悦。

因此，当我们与别人之间有误会与纷争时，不必总是耿耿于怀，而要怀着一颗放松及宽容的心，别去计较那些不值一提的恩怨，珍惜那些值得珍惜的，你就会发现人与人之间更多的是和谐和融洽。至少，忘却自己的不幸，你的生命就会呈现别样的风采。

总之，在人生的道路上，该记取的时候记取，该忘却的时候一定要忘却，千万不要让怨恨充斥了心灵。

改变自己能改变的，适应自己不能改变的

如果你希望赢得别人的爱和尊重，就需要用一颗包容、坦然的心去对待别人。其实，人的生存之道更多地在于适应，而不是改变。因此，每个人都应该学着适应他人，适应社会，让包容、坦然将自己心中的阴霾驱散，使自己能够享受生活的快乐。

人是社会人，在社会上生活，人与人之间出现些是是非非、磕磕碰碰是在所难免的。这些问题都是每个人必须要去面对的，回避躲闪、苦恼哀怨对解决问题都无济于事。无论是在家庭关系中，还是在社会关系中，你做出的贡献越大，你所承担的义务就越大，你遇到的困境和麻烦就会越多，解决问题的难度也就会越大。

在现实生活中，物价上涨、住房拥挤、人际关系紧张等一系列矛盾和困难，让人们越来越感觉被压得喘不过气来。这时，你若选择诅咒、谩骂以及生闷气，不仅不能减轻压力，反而会给疲惫的身体增加新的负担。因此，与其抱怨生活，倒不如冷静观察，用乐观的态度去体会生活中的苦、辣、酸、甜。

现实总是不尽如人意的，也会有很多事情是我们看不惯、理解不了的，甚至我们还会对一些事情感到失望、绝望。然而，自身的能力有

限，愤世嫉俗的态度不会改变事情发展的轨迹，更不会使关系缓和，进而解决阻碍自己走向成功、幸福的问题。

对于那些你无法改变的事情，就要学着去接受，去适应它的发展，并在适应的过程中去发现并掌握改造的契机。改变自己所能改变的，适应自己所不能改变的，你就可以让自己的人生旅程更加顺畅。蚌就正是因为适应了入侵其身体的沙子，才制造了珍贵的珍珠。所以说，与其苦思怎样去排除那些挥之不去的东西，不如想想怎样去接纳、调和。既然你无法改变世界，那么就应该学着适应世界。

珍妮家世代以采珠为生，在她即将离开英国时，她的母亲给了她一颗珍珠，并郑重地对她说："最初，女工将沙子放进蚌的壳内时，蚌感觉很不舒服，但是它又无法将沙子吐出去，于是蚌面临着两个不同的选择：一个是，不停地抱怨，使自己的日子更不好过；另一个是，想办法接纳这粒沙子，使它跟自己和平共处。

"最终，蚌选择了第二种方式，它开始用自己的一部分养分去包裹沙子。当沙子裹上蚌的外衣后，蚌便把它看成是自己的一部分，而不再当它是异物了。

"同时，那粒沙子不断磨着蚌的肉体，使得蚌在痛苦中挣扎。终于有一天，那粒粗糙的沙子竟然变成了一颗晶莹圆润的珍珠。因此，包容苦难，适应逆境，会使一只伤痛的蚌能制造出一颗美丽的珍珠。"

珍妮母亲的话很有道理，生命中有苦难并不可怕，只要有勇气接受苦难，适应逆境，那么苦难最终也可以转变为幸福的点缀。并不是每一只蚌的身体里都含着珍珠，珍珠之所以弥足珍贵，是因为它是蚌用自己的血肉耐心打磨的一粒沙。柔弱的蚌包容、适应、改变着那粒沙子，使它最后成为自己身体里最美好的一部分。

生活中，每个人的心中都有一粒沙子，日夜折磨着人们疲惫的生命。有的人始终不愿意接受生命中这粒小沙子，总是以一种消极、抗拒的姿态来对抗，这是最傻的做法。

智慧的人会像蚌一样接受生命中的那粒小沙子，并在适应它的同时努力改变、完善它。

纵观历史，关于适应和改变的故事数不胜数。成功的人大都是懂得适应的人。他们就像是历史海洋中一个个含着珍珠的蚌，虽然曾经痛过，但却因为懂得适应和改变之间的关系，最终成就了自己。一个懂得接受和适应生命中不完美部分的人，他不仅容易找到属于自己的快乐，并且也很容易获得成功。

唐朝贞观年间，高僧寒山曾对拾得禅师说：“世间谤我、欺我、辱我、笑我、轻我、贱我、恶我、骗我，又如何处之？”拾得禅师回答：“只是忍他、让他、由他、避他、耐他、敬他，再过几年，你再看他。”别人的毁谤、侮辱、嘲笑确实会令我们感到气愤，如果我们针锋相对，那则是很不理性的行为。最明智的做法就是，不要试图改变他们，而要像拾得禅师说的那样，遇事要退一步，让三分，然后试着适应他们。

盖里·史宾斯曾说过：“如果你想赢得爱与尊重，就要用宽容的心对待别人。彼此之间是适应而不是改变。”

不够友好或许是因为不够了解，防御是因为害怕冲突，不信任是因为缺少安全感，狭隘是因为过去的伤害和移情，斤斤计较是因为还不够富有，竞争是因为拥有共同的资源，挫败是因为要经受考验和练习，不平衡是因为还有许多未满足的期待……

总之，人生得失不过是过眼云烟，有些失去如果无法改变，那就试着接受吧，你会发现只要自己适应了失意的事实，就会迎来美好的未来。

第十章
放下得失心，轻装上路

得失心太重是做人的大忌。如果一个人过于在乎个人的得失，他背上的包袱就会越来越沉重，进而会在前行的路上步履维艰。得失心太重，会使人陷入欲望的漩涡，变得虚荣、嫉妒、贪婪……只有放下得失心，才能远离欲望和诱惑，也才能不被虚荣之心蒙蔽；只有放下得失心，才能让贪婪无处躲藏，也才能让嫉妒无处容身；只有放下得失心，才能让一切烦恼都随风远去，也才能让自己得到圆满的人生。

你想轻装上路吗？那么从此刻开始，学着放下自己的得失心吧！

放下得失心，远离欲望和诱惑

随着社会的发展，不少人的得失心越来越重，欲望越来越膨胀，为了让自己的得失心和欲望得到满足，人们不停在给自己的人生行囊中装进各种各样的杂物。一边想着拥有香车美女，吃遍山珍海味，同时又谋划着豪华别墅、万贯财富，似乎名利双收便是人生的终极目标。

不少人总以为只要得到自己想要的东西就能拥有快乐，但结果却往往事与愿违，他们得到的东西越来越多，而快乐却离他们越来越远。

从前，有个富翁，他家财万贯，可过得并不快乐。为了寻找快乐，他背着许多金银珠宝上路了，然而走遍了千山万水也不见快乐的踪影。

一天，一位衣衫褴褛的农夫唱着山歌走了过来。富人向农夫讨教快乐的秘诀，农夫笑着回答说："哪里有什么秘诀，只要你把背负的东西放下就可以了。"

富人蓦然醒悟——自己背着那么沉重的金银珠宝，腰都快被压弯了，而且住店怕偷，行路怕抢，成天忧心忡忡，心神不定，怎么能快乐得起来呢？

于是，富人放下行囊，把金银珠宝分发给过路的穷人，不仅背上的重负没有了。并且，在他看到了一张张快乐的笑脸后，他也因此而快乐起来。

很多时候，不是快乐离我们太远，而是我们根本不知道自己和快乐之间的距离；不是快乐太难，而是我们的得失心太重，放不下的欲望太多。少年时，我们的行囊是空的，因为轻松，所以快乐。但之后的岁月，我们一路拣拾，行囊渐渐装满了，因为沉重，快乐也就消失了。我们以为装进去的都是好东西，可正是因为得到了这些“好东西”，却让我们在斤斤计较中失去了快乐。

另外，我们还应该明白，欲望是无止境的，太多的欲望会阻碍我们前进的步伐。我们之所以常常不能专心完成一件事情，恰恰是因为欲望在作祟，它常常像一只猴子那样半刻都不能安宁，进而搅乱我们的思绪，阻碍我们前进的步伐。

从前，有一个村庄，村里的人封闭却很快乐。一天，村里来了一位奇特的老人，他点燃了一把火，并且用一根棍子在碗里不停地搅拌，最后竟然从碗中掉出金块来。老人说这就是炼金术。

村长请求老人告诉他们秘诀。老人答应了，说：“不过在炼金的过程中，千万不可以想树上的猴子，否则就炼不出金块来。”

等老人走了以后，村长就开始炼金，他一直告诉自己，不可以想树上的猴子，可是越不想，猴子就越是不断浮现在他的脑海中。他只好教给另一个人，并且一再叮嘱不可想树上的猴子。就这样，全村的人都试过了，却没有一人能炼出金子，因为树上的猴子，总是会从他们心中跑出来。

所谓的炼金术当然是个骗局，但这则故事却揭示了一个道理，每个人心中都会有一只欲望的猴子，它总是在我们的心中作怪，让我们无法逃脱它的诱惑。现在，大家可以想一想，自己的生活是否已经被这只欲望的猴子搅得不得安宁？欲望的诱惑是否时刻都在啃噬着自己脆弱的心灵？快乐是否因为自己过多的欲望已经无处容身？

只要解决了吃饭问题，瑞士奶牛就会闲卧在阿尔卑斯山的斜坡上，一边享受温暖的阳光，一边慢条斯理地反刍。非洲草原上的狮子吃饱以后，即使羚羊从身边经过，也懒得抬一下眼皮。

一位作家非常赞同瑞士奶牛和非洲狮子的生存哲学，他说："假如你的饭量是三个面包，那么你为第四个面包所做的一切努力都是愚蠢的。饥饿时所需要的三个面包便是最大的得到，而吃饱后的第四个面包则是无用之物。所谓的得与失都是相对的，可能在繁华的都市黄金要比一瓶水重要得多，但是在广袤的沙漠之中则会相反，因为在沙漠中水意味着生命，而黄金不过是负累之物。知道了这一点便可以明白，得失心太重没有任何好处。

一个人不快乐是因为背负了太多的负担，而这也正是由于他得失心太重、欲望过于膨胀所致。欲望是个无底洞，丢进去的东西越多越觉得空虚。因此，试着放下自己的得失心，让自己远离欲望，那样你就会发现快乐竟是如此简单。

放下得失心，不被虚荣心蒙蔽

“虚荣”一词最早出现于柳宗元的诗中，“为农信可乐，居宠真虚荣。”《辞海》上对它的解释是，表面上的荣耀、虚假的荣誉。虚荣是一种极为普遍的心态，是过分自尊的表现，是为了取得荣誉、引起他人关注而表现出的一种不正常的社会情感，这与一个人对待得失的心态休戚相关。

虚荣往往是内心脆弱的表现，与过于关注自身的得失有着密切的关系。虚荣很容易让人迷失自己，也是许多人获得简单生活和快乐生活的最大障碍。虚荣的人一直在别人的眼光中生活，幸福也好，痛苦也罢，都是别人眼里的。一句话，他们全部的生活目标就是一定要比别人好。他们非常看重生活中的得失，认为自己的得失会影响别人看待自己的眼光、对自己的态度等，他们是一群活在别人眼里的人。

在虚荣的人眼里，工作要比别人好、工资要比别人高、人脉要比别人广、升职要比别人快、衣服要比别人贵、房子要比别人大、吃的要比别人讲究、用的要比别人高档、男朋友或女朋友要比别人的帅气或漂亮……然而，要想样样都比别人好，就必须付出比别人更多的努力。于是，他们往往对什么事情都很上心，什么事情都想得第一。最后，终于在没完没了的攀比和较量中失去了闲暇和轻松，心情越来越紧张、焦躁，感觉越来越累，快乐越来越少，最后把自己弄得身心疲惫、苦不堪言。

的确，虚荣可以让我们荣耀一时，但是被虚荣之心蒙蔽的人，必然会在未来付出比现在多十倍、甚至百倍的代价。莫泊桑的《项链》描写了这样一则故事。

玛蒂尔德是一个出身贫穷却异常美丽的女子，她认为美丽的女子生来就是和城堡、王子、香水、珠宝相匹配的，然而命运却捉弄了她，让她嫁给了一个小职员。成为洛阿赛太太的她仍然对贵夫人的生活心驰神往，渴望自己能够光鲜亮丽地出席晚会，成为全场最美丽的女人。

终于，机会来了，她和丈夫要去参加公共教育部长和夫人举行的晚宴。为了满足自己的表现欲，洛阿赛太太买了新衣服，画了精致的妆容，还特意从她朋友福莱斯蒂太太那里借来了一条钻石项链。一切准备就绪，只等着晚会的时候大放异彩。果然，她成为晚会上最出众的女人。晚会结束后，她仍陶醉于被人仰望的愉悦之中，久久不能自拔。当她对着镜子卸妆时，赫然发现脖子上的钻石项链不见了，怎么找也找不到。

后来，她和她的丈夫用了整整10年的时间才挣够了赔偿这条钻石项链的钱，而那晚光彩照人的洛阿赛太太却早已变得苍老憔悴。

玛蒂尔德为虚荣赔上了自己的青春和一生的幸福，以这样惨重的代价所换来的一时荣耀值得吗？答案显而易见，非常不值。其实，虚荣的人生是悲哀的。人生很短，真正属于自己的快乐更是稀有资源，为什么还要为了迎合别人而累了自己呢？为什么不能为了自己真实而完全地活一次呢？而且，人的价值是由实力决定的，并不能靠作秀来实现。

有一次，法国前总理朱佩视察某地，接受了记者的采访，在整个采访过程中，他一直拎着个超级市场的购物袋。但是，他并没有因为拎着购物袋而变成被人瞧不起的人，总理还是总理；同样，一个罪犯不会因为西装革履就变成总理。身份不是由派头决定的。

心理学家认为，虚荣心与戏剧化的人格倾向有关。爱慕虚荣的人外向、易冲动、反复善变、做作、情感反应强烈，但缺乏真实的情感；在与人交往中，喜欢突出自我，经常会烦躁不安。并且，爱慕虚荣的人大都有自卑或心虚等深层的心理缺陷，他们竭力追逐浮华是为了掩饰心理上的缺陷。此外，虚荣心理往往与很重的得失心相伴随，一个人越是在意自身的得失，越是虚荣心强。

一个追求真善美的人，是不会采用不正当的手段来炫耀自己的，也是不会被虚名所累的。横向去与他人比较，心理很容易失衡，越比越虚荣。因此，一定要比就跟自己的过去比，看看是否今天的自己比昨天好。

总之，要想克服虚荣心，首先要做的就是放下得失心，一个人只有不过分在乎自身的得失荣辱，也才能不在乎他人的眼光，也才能摆脱虚荣心理。一位名人曾经说过，“你是活在别人眼里，还是活在自己心里？”如果你想做一个活在自己心里的人，那么就要从此刻开始放下得失心，唯有这样你才能远离虚荣心。

放下得失心，让贪婪无处躲藏

大诗人席勒曾经说过，“贪者终至一无所得。”贪婪是一座给人们带来无限痛苦的地狱，它使人们为了满足自己的得失心而耗尽精力，然而这并没有给人们带来想要的满足。

有位贪心的老太太，不管什么时候都要穿大两号的鞋子，而且总抱怨不合脚。儿女们对她说：“既然不合适，那么下次买个小一点儿的吧？”她回答：“价钱都一样的，为啥不买大一号的？”这位老太太的执拗，确实有些让人哭笑不得。在物质面前，有些人就是如此的贪得无厌。在这位老太太的眼中，花同样多的钱，可以买到更多的“布料”，占了一个天大的便宜。但是，这些多余的“布料”和“废料”有什么区别呢?

和这位老太太一样的人，现实生活中有很多。这些人，之所以经常做些“傻事”，归根结底是因为得失心太重，内心太过贪婪。殊不知，贪来贪去最后得到的，无非是些不适合自己的东西罢了。

有这样一则寓言故事。

有一对老夫妻住在一个小村子里。这里有山有水，安静舒适，简直是一处桃源仙境。在一个甲子的岁月里，夫妻俩一直相敬如宾，相濡以沫。为了养家糊口，老爷子每天到山里去砍柴，饿了就吃点儿馒头，渴了就打点儿山泉喝。

有一天，老婆婆突然发现老爷子变得比以前年轻了。百思不得其解的她，找来了一位高人，经过指点后才知道，原来老爷子不小心喝了山中的“不老泉水”。

老婆婆心想：“岁月不饶人啊！我越来越老，我必须得尽快找到‘不老泉水’，让自己也变得年轻一些，不然老头儿总有一天会嫌弃我的。”

想到这里，老婆婆带着水壶，溜出家门直奔山上的“不老泉”而去。为了让自己更快年轻，婆婆喝了一壶又一壶，一直到她实在喝不下。

直到这天深夜，老婆婆都没有回来，这可急坏了家里的老爷子。他打着灯笼，翻过几座山头，不停地呼唤着老伴儿的名字。路过“不老泉”时，老爷子听到了几声婴儿的啼哭。他走过去一看：只见一身熟悉的衣服里，裹着一个嗷嗷待哺的女婴。老爷子这才知道，那是自己的老伴儿。

一位生性善良的老太太，为贪慕年轻的美好，最终操之过急酿成祸事。人的贪欲是个无底洞，无论如何是填不满的，贪心越多后果就越严重。生老病死是人的自然规律，每个年龄段都有属于自己的独特美，失去了青春之美，自会得到成熟之美，过于关注自己的容貌只会是“老黄瓜刷绿漆”，越看越别扭。

很多希望过平静日子的人都喜欢写一个这样的条幅来勉励自己，“知足者常乐，能忍者自安。”这段文字出于《老子》一书，该书第四十四章中有一句话，“知足不辱，知止不殆，可以长久。”这句话的意思是，懂得满足就不会受到侮辱；懂得适可而止，便不会遇到危险，这样才能保持长久。显然，这句话是劝诫人们不要贪得无厌。的确，只有放下得失心，知足常乐，才能让贪婪之心无处躲藏。

综观中国几千年的历史，若是论文化修养，只怕没有几个人可以超越孔子。可以说，孔子是文化涵养最好的一位古人，他的“放下得失心，知足常乐”简直到了极致的境界。

孔子也曾做过大官，但是他始终认为做官跟自己的性情不太符合，于是辞官转而开设学堂，教授学生。

一次，孔子与学生们一块儿去楚国游历，可在快到达楚国都城的时候他们走散了。不久，孔子便来到了楚国都城的东门，他一个人站在城门外，等了很久也没有看到一个学生，于是他就进城了。

孔子刚走进城，就听见自己的学生子贡等人正在那边十分着急地商议：“谁知道老师这个时候在哪里呢？到处都找不到他。”

这时，他又听到一个路人在给子贡等人描述在门外见到的孔子形象：“东门有个人，额头似尧，脖颈像陶，肩膀类子产，自腰下不及禹三寸，一副疲惫不堪的模样，活像一条丧家犬，这位是你们的老师吗？”

子贡等听得出来此人是在故意蔑视孔子，并且他们也看到孔子已经来到跟前了，于是就质问那个人说：“你怎么能这样侮辱我们的老师呢？”

那个人忽然感觉特别不好意思，拔腿想走，却被孔子叫住了，“您先别着急走啊！我这个人其貌不扬，正如你刚才提到的那几位丑古人；而你说我是‘丧家犬’就更没错了，我正想做‘丧家犬’呢。狗一旦丧了家，就会夹着尾巴四处乱跑，还要时时处处提防会不会有棍子来打它。我如果能有这样的警觉心该有多好啊！我就是要做这样的‘丧家犬’！”

子贡说：“老师，您怎么会有这么好的涵养呢？”

孔子说：“我曾经问老聃（老子）什么才是礼，他告诉我说：‘知足不辱，知止不殆，可以长久。’这样的道理你能明白吗？”

子贡说：“可是，老师，您受到了侮辱啊，他讽刺您是‘丧家犬’呢！”

孔子说：“这怎么能算是受到了侮辱呢？我正巴不得他说我是‘丧家犬’呢！‘丧家犬’只能‘夹着尾巴’走路，而我这一生都要学着夹起尾巴做人啊！”

后来，晋国的两位大夫窦鸣犊和舜华被赵简子杀害了，孔子便问子贡：“你知道窦鸣犊和舜华为什么会被赵简子杀死吗？”

子贡说：“我听别人说过，赵简子在没有发达之前，曾经去投靠窦鸣犊和舜华两位大夫，两位大夫非常热情地款待了他，这样说来窦鸣犊和舜华两位大夫还是赵简子的恩人呢。可是，到了今天，赵简子得势做了晋国的宰相，反而把两位恩人给杀了。由此可见，赵简子是一个恩将仇报的坏人。”

孔子说：“话也不能说得这么绝对。赵简子斩杀窦鸣犊和舜华两位大恩人的确有错，恩将仇报，是不义之举。但主要是因为窦鸣犊与舜华两个人自己贪心不知足啊！他们见赵简子如今是晋国的宰相了，就经常向赵简子索要官职和钱财作为回报，赵简子先是答应了他们，但是他们却得寸进尺，以致给自己招来杀身之祸，这就是他们自己的错了。”

子贡说：“老师的一番话，真是令学生茅塞顿开啊！终于明白‘知足者常乐，能忍者自安’这两句话的真正含意了。”

正是从孔子身上学到了“放下得失心，知足常乐”这种修身养性的最高境界，中国古往今来的圣贤人士才会将“知足常乐”的古训悬挂在案头，牢记在心里，时刻警醒自己要远离贪妄之心。

老子曾说过，“罪莫大于可欲，祸莫大于不知足，咎莫大于欲得。故知足之足，常足。”这句话的意思是，罪恶没有大过放纵欲望的了，祸患没有大过不知满足的了，过失没有大过贪得无厌的。因此，知道满足的人，永远是最快乐的人。

少一分贪婪，也就少了一分愁苦；不愁了，生活自然会轻松许多；活得轻松了，当然也会觉得幸福。与其往前迈一大步，多做无谓的挣扎，还不如退后一小步，看天高地广。从凡尘俗世的浮华中脱离出来，让自己已然疲惫的身心稍作停泊，才能感受到生命的价值。总之，从现在开始舍去贪欲，让我们的心归于平静，感受生活的美好，而这才是幸福之道。

放下得失心，让嫉妒无处容身

得失心太重的话，人们就会对现状产生诸多不满。因为过于关注自身的得失，就会不自觉地与身边的人攀比，甚至总觉得别人比自己幸福，继而产生嫉妒之心。我们更应该了解的是，嫉妒心其实与金钱和地位无关，即使你拥有了一切，只要嫉妒还在，你就永远不能安心。并且，往往越是在别人看来成功的人，得失心和嫉妒心越重。

从前，有一个国王，他权倾天下，拥有了一切世人想要得到的东西，然而他却很郁闷，“看那些天上的神仙整天衣食无忧，可以四处云游，真叫人嫉妒！我却得日理万机，这样的生活真是太辛苦了！”

苦闷之余，国王走到御花园里散心，让他感到奇怪的是，花园里花和树都枯萎了。

“你昨天不是还好好的吗？今天怎么就枯萎了？”国王对橡树说。

“我没有松树那么高，于是我一直不停地往上提升自己，结果我的根脱离了土壤……”橡树有气无力地说。

“可是，松树，你又为什么也无精打采的呢？”国王好奇地问松树。

“我不能结和葡萄一样的果子，为此终日难过！”国王听了感到很诧异。

他更加诧异地问葡萄："连松树都羡慕你，你怎么也气息奄奄了呢？"

"您看，我一直不停地拼命生长，可还是不能开出郁金香那样美丽的花……恐怕我就要抑郁而死了……"

这时，国王发现自己的脚旁边生长着一棵茂盛的小草。

国王好奇地问："别的植物都枯萎了，只有你还在茁壮地生长，这是为什么？"

"因为我只是一棵小草，所以只需要安心地做一棵草就好了。"

这则寓言故事告诉我们，得失心太重就会产生嫉妒心，而嫉妒之心会让旺盛的精力日渐枯萎。其实，只要放下得失心，安心于享受自己的生活乐趣，即使自己是默默无闻的，也可以生活得很快乐。

嫉妒别人的人一定会有这样的体会：别人为什么总是比自己幸福？通常情况下，我们已经生活得不错了，但却抱怨自己不是最成功的那个人，总有一些人比自己生活得更好，并且自己总也不能接受这一事实。于是，嫉妒便开始了，然而嫉妒并没有让我们把别人比下去，这样仇恨又产生了，极大的敌视和报复心理让人变得不再理智，然而报复的结果通常都不会如我们所愿，我们因此失去了自己最宝贵的东西——快乐，即使报复真的成功了，我们也并不会如想象中那样感到满足。嫉妒除了让我们痛苦，并且付出巨大代价之外，没有任何好处。

这正好印证了那句老话，"如果你仅仅想获得幸福，那很容易就会实现；但是，如果你希望比别人更幸福，那将永远难以实现。"这句话意在表明，嫉妒除了会让人痛苦外什么优点都没有。

对自身得失看得太重，就会产生嫉妒别人的情绪。嫉妒是一种使人感到痛苦的感情，进而使人变得心胸狭隘，使人陷入患得患失、疑神疑鬼、怨恨别人的负面情绪之中难以自拔。

一只蜗牛对一只青蛙颇有成见，见面时总是不理不睬的，这让青蛙觉得很难受。

有一天，忍耐许久的青蛙决定问个究竟："蜗牛先生，我是不是有什么地方得罪了你，所以你才这么讨厌我。"

看到青蛙的态度如此坦诚，蜗牛叹道："你有四条腿可以跳来跳去，我却只能背着沉重的壳，贴在地上爬行，心里不是滋味儿啊！"

然而，青蛙却说："家家有本难念的经。你只是看见了我们的快乐，却没有看见我们痛苦的样子。"

"你们也有痛苦？"蜗牛对青蛙的话表示怀疑。就在这时，一只凶猛的老鹰突然袭来，蜗牛迅速地躲进壳里，青蛙却被一口吃掉了。

嫉妒别人只能带给我们更多的痛苦，相反，若去想想自己所拥有的，将会带给我们更多的感恩及幸福。俗话说得好，"寸有所长，尺有所短。"每个人都有自己的优势，也不可避免地有自己的劣势，如果硬要拿自己的短处和别人的长处相比，那是自讨苦吃，自找烦恼。普通员工不必嫉妒总裁的高官显位，因为总裁也会羡慕普通员工朝九晚五的上班生活，普通员工下班之后便可休息，而总裁却需要每天24小时随时待命；小演员不必嫉妒大明星的风光无限，因为你能够轻松逛街、谈恋爱，他们却不能。正如一句老话所说的那样："上帝使你失去一件东西的时候，必然会让你得到另一件东西。"

有个人饲养着山羊和驴子。主人总是给驴子喂充足的饲料，嫉妒心很重的山羊便对驴子说：“你一会儿要推磨，一会儿又要驮沉重的货物，十分辛苦。你不如装病，摔倒在地上，便可以得到休息。”

驴子听从了山羊的劝告，摔得遍体鳞伤。主人请来兽医，为它治疗。兽医说要将山羊的心肺熬汤作药给它喝，才可以治好。

于是，主人马上杀掉了山羊为驴子治病。

因为嫉妒而出卖、陷害他人，向来为人所恨，而出卖亲友的人更是不会得到好下场。

嫉妒的想法都是以别人拥有我们所没有的某样东西为基础的，这种想法会使我们和别人不一样，让我们把注意力都集中在自己所没有的东西上，进而使自己过得很不快乐。

因此，如果我们想让自己的生活变得快乐，就不能给嫉妒留下生存的空间。放下得失心，不再把自己的短处拿来和别人的长处比较，不再去关注别人拥有自己所没有的东西，把视线从别人身上转移到自己身上，试着改变自己，并学会爱上自己，这样嫉妒的心理就无处容身了。

放下得失心，大不了从头再来

人生最糟糕的事是什么？损失金钱，失去爱情，与亲人离别，还是被病痛折磨得生不如死？不，这些都不是最糟糕的事，只要生命尚存，还活在这个世界上，你就没有理由抱怨自己的现状太糟糕。人生最大的敌人并非磨难，而是你自己。只要敢于承认失败，敢于从头再来，那就一定可以战胜人生所有的艰难险阻，拥有幸福美满的人生。

一位妇人，她几乎经历了一个普通女人所能经历的所有不幸。幼年时父母先后病逝，好不容易找到了工作，又因不同意做厂里某领导人的儿媳而被挤出工厂。嫁了个丈夫，婆婆却对她十分苛刻，婆婆过世后丈夫又因外遇弃她而去。现在，她带着女儿独自度日，却过得十分平静。

一个阳光明媚的日子，一位朋友去妇人家里闲坐，女儿在一边玩耍。她们边聊天边和小姑娘逗笑，不经意间触动了往事。朋友赞叹她遭遇这么多失败却活得如此坚强、平和。妇人笑了笑，给朋友讲了一个故事：两个老裁缝去非洲打猎，路上碰到一头狮子，其中一个裁缝被狮子咬伤了，没被咬伤的那位问他："疼吗？"受伤的裁缝则回答说："当我笑的时候才感到疼。"

“我就是这样的。”妇人对朋友笑道，“我被狮子咬了许多口，但我的一贯原则是忍着痛，笑也好，哭也好，只要有感觉就有生命，只要有生命就有灵魂，只要有灵魂就有生存的意义、希望及幸福。过去的得失对于现在来说毫无意义”

朋友惊讶地望着她沧桑无数的脸，那仿佛是一方视线宽阔、溢满阳光的天窗。

博尔赫斯曾经说过，“幸福的人是相似的，不幸的人各有各的不幸。”的确，人生中的艰难坎坷各种各样，没有一桩不使人落泪。上面故事中的妇女所经历过的不幸不可谓不多，但是她对于过去的得失却看得很轻，正是因为这样，她才能乐观、坚强地生活下去。正如一首歌里所唱的那样，“论成败，人生豪迈，大不了从头再来。”一个人能够平平安安度过一生是莫大的福气，可是这种福气并不是每个人都能拥有的。我们不能阻止灾难的发生，但是面对灾难我们却可以选择坚强，拥有一颗坚强的心才是每个人真正的福气。

李冉初中毕业后，就到哥哥的印刷厂去帮忙，后来她自己也开了家小印刷厂，帮市区里的小旅馆和小餐馆印信纸、信封、筷子套、牙签袋等，一年也能赚个七八万元。2004年，因为盲目申请贷款来扩展业务，资金链断裂，导致印刷厂倒闭。没多久，丈夫就和她离了婚，并要走了女儿的抚养权，她一下子感觉生活没有了希望，恨不得一死了之。但是，生性倔犟的她还是熬了过来。

后来，她决定重新开始，这次她着手做投资，为保险起见，她找的都是店面。她投资了一间商铺，只交了1万元定金，几个月后转手就赚了4万元。靠着“胆子大，眼光好”，到2007年年底，她手里的2万元已经变成了20万元。

2007年年底，眼看着股票市场一直是牛市坚挺，她抽出了自己的全部资金投进股市，计划着和2008年的奥运会一起风光一回。初期，她的确赚了一笔，但是让人猝不及防的金融危机来了，股票暴跌，她的20万元赔得仅剩下6万元。同时，之前投资的两家商铺，也一直租不出去，只能眼睁睁看着亏钱。李冉感觉自己又一次被扔进了黑暗之中。

不过，她在床上躺了整整两天两夜后便振作起来了。第三天早上，她爬起来，用冷水洗了一把脸，对着镜子里的自己说："这辈子已经经历过那么多的挫折了，还有什么事情不能承受？大不了从头再来！"她打起精神，开始了新一轮的投资。她痛定思痛，在经过深思熟虑之后将所有资金投入到家具制作行业。由于她经营得当，人际关系又好，在不久之后就赚回了20多万元。

现在，她已经成了远近闻名的家具经销商。关于成功，她说道："其实，成功就是你坚持不下去的时候，再坚持一下。"

人们所经历的每一次不幸并非都是灾难，与困难作斗争是上天赐予我们的锻炼机会，挫折磨破我们双手的同时，也为日后更为激烈的竞争准备了丰富的经验。当生活的困境使你一无所有时，你也就没有了选择的犹豫，没有了固守现状的可能，唯一需要做的就是勇往直前，把自己能做的做好，并且做到最好。正因为没有了退路，所以必须奋力前进，也只有这样生活才能继续，道路也才能畅通。

人生的道路上不可能永远一帆风顺，总有潮起潮落之时，不要因为一时的失败就否定自己，有时失败也未必是一件坏事，要有从头再来的勇气。用平常心去看待人生中的起落，不能因为一次的得失就断定一生的成败。在坚强的生命面前，失败并不是一种摧残，也并不意味着你浪费了时间和生命，而恰恰相反，失败给了你一个重新开始的理由和机会。

每个人来到这个世界的时候，都是一无所有的，一切都是后天创造的。所以，如果失去了什么东西，让自己觉得痛苦，没有关系，因为我们本来就一无所有，大不了从头再来。也许，你会说：“我没有了重来的资本，因为我已经不再年轻，没有足够的时间。”但是，你拥有经验，拥有阅历，这一样是你的资本，是你把一切能做到最好的资本。

生存本不如我们期望的那么简单，遭遇困境也并不如我们料想的那么难熬。面对突如其来的打击，冷静思考才是最好的选择。有时看似没有丝毫希望的绝境恰恰会暗合机巧，孕育生机。关键要看你从哪个角度去体察自己所面临的这种绝境，用什么样的眼光去看待它所隐藏的机遇。

总之，放下得失心，拥有“大不了从头再来”的决心，你就会发现没有困难是不能克服的。

放下得失心，用“空杯心态”迎接未来

“空杯心态”就是指先将心里的杯子倒空，将曾经的辉煌、失败从心态上彻底了结、清空，然后用崭新的自我去迎接崭新的未来。“空杯心态”是一种健康、良好的得失心态。

每一个想有所成就的人都必须拥有“空杯心态”。我们不仅要能干，还要敢于归零。只有看轻过去的得失，敢于将过去的得失翻过去，才能在未来有更大的收获。每一天都是一个新的开始，过去的失败不能成为今天退缩、怯懦的理由，过去的成功也不能成为今天目空一切的借口。始终怀着希望、信念、学习的心态去工作、去生活，从此刻开始进行全面的超越，当归零成为一种常态、一种延续、一种时刻要做的事情时，你的人生就会迎来意想不到的惊喜。

一代武学宗师、功夫巨星李小龙就非常推崇“空杯心态”，他说：“清空你的杯子，方能再行注满，空无以求全。”那么，“空杯心态”能为我们带来些什么呢？

首先，“空杯心态”能够指引我们找到职场的金钥匙，单位永远只为员工的使用价值买单，“倒空”自己轻装上阵，才能体现自己更大的使用价值；其次，“空杯心态”让我们能够正确认识自己和世界，并与阻碍自己发展的因素告别；再次，“空杯心态”能够激发生命最大的潜能，很多人在成绩面前容易自满、容易得意忘形，自满了、忘形了就不愿意再辛苦地朝更高的地方迈进，而“空杯心态”则很好地解决了这一点，它让人时刻处于在山底仰望山顶的状态，逼迫自己去反思和成长、去创新和改造，最后激发出无限的生命潜能以创造生命的奇迹；最后，“空杯心态”能够提升我们的事业和人生的境界，人生是一场盛宴，不只有一道好菜，忘掉你念念不舍的那道美味佳肴，才能看到更多的好菜，尝到更多的美味。松开手，计较的东西越少，胸怀和视野越大，人生就会越广大。

当然，“空杯心态”的获得也是需要过程的。一般来说，我们可以通过三步走来获得。第一，开放，只有当我们把窗帘拉开的时候，阳光才能够洒进屋内；第二，放下，轻装才有利于急行军，那些妨碍自己发展的东西，都应该丢弃；第三，重生，凤凰涅槃是为了重生，为了获得更强大的生命。

开放的意思是说，只有张开双臂才能拥抱世界。一个人，受片面信息和定势思维的影响，往往会得出片面甚至错误的结论。然而，得出错误的结论并不可怕，最可怕的是固执己见地坚持错误。也许你会说：“哪有这种傻瓜，错了还会坚持？”其实，当封闭了自己的心灵和思维时，我们将很难意识到错误，这样也就出现了傻瓜式的行为——坚持错误。

那么，我们应该采用什么方法来达到开放心灵和思维的目的呢？要保证心灵和思维的开放性，首先，不要先入为主地认定，而要跳出主观立场，客观地看待事情；其次，牢记著名作家米兰·昆德拉的一句话——“生活是一棵长满可能性的树”；最后，当你脑中出现“肯定”、“绝对”等字眼的时候，想想有没有完全相反的可能性。

放下的涵义是指，大解脱才有大超越。开放的心灵为“空杯心态”奠定了基础，但是还远远不够，我们还要往前走，也就是放下。放下是说只要是束缚和阻碍自己发展的，只要是使自己步履沉重的包袱，都要义无反顾地抛弃，包括地位、金钱、面子、贪婪以及仇恨。放下往往伴有一定程度的艰难和痛苦，因为必须要放弃的东西很可能是自己最难以割舍的东西，比如金钱、权利等。这要求我们具有宽容、豁达、勇敢等品质。因为，对一个强大的心灵而言，没有什么是放不下的。

美国总统华盛顿，在很有可能无限期地担任总统的情况下，毅然地放下权力和光环，主动卸任，从而使美国基本保留了总统不超过两任，每任不超过四年的传统，进而保证了民主政治的实施。南非黑人领袖、诺贝尔和平奖获得者纳尔逊·曼德拉为了追求民族平等，为黑人争取应有的权力，被囚禁27年之久。在出狱的当天，他说了一句让人钦佩的话，“在我走出囚室，迈出监狱大门的那一刻，我就已经把悲痛与怨恨留在身后。”“留在身后”就是一种放下。从此，不再因过往的痛苦而流泪，不再因曾受到的不公平待遇而怨恨，只是朝着自己梦想的方向前进、再前进。

台湾著名高僧证严法师曾经说过，“前脚走，后脚放。”人生苦短，一味拖泥带水，不愿倒空自己，活在当下，我们就不可能有充足的精力和时间去做未来更有意义的事情。

重生则可以理解为“无相”是为了“妙有”。修禅的人都会经

历这样一个过程，即从“真空无相”到“真空妙有”。“无相”不是最终目的，目的是为了“妙有”。就如同我们不是为了空杯而空杯，是因为倒空自己以后，我们能使自己的生命更加辉煌，所以才“空杯”。“倒空”自己之后，更要“百尺竿头，更进一步”。重生的过程是艰难的，就如同凤凰浴火一般。

大家需要注意的是，“空杯心态”也有层次之分。有彻底的空杯，也有半杯水的空杯，还有不溢出来就好的空杯。不同程度的空杯会造成不同的效果。空杯程度越高，带来的好处也越多；空杯的程度越低，个人所得的也就越少。

“空杯心态”不仅是一种生活态度，一种修身哲学，一种人生境界，更是一种做人精神。总之，对于生活在高速发展的现代社会的我们来说，“空杯心态”是不可缺少的，只有永远怀着谦卑的、渴望成功的心去吐故纳新，看清自身的得失，才能真正实现自己的人生价值。

放下得失心，让烦恼随风远去

人们对生活往往怀着一种美好的憧憬，憧憬自己可以得到幸福、健康、财富、成功、地位，并且热衷于一切看似能够让自己得到快乐的东西。可是许多时候我们发现，当真正得到这些东西的时候，自己却没有原先预想中的快乐。一方面，我们发现它还不够多、不够好；另一方面，我们又时时刻刻都在担心会失去它。

患得患失是造成人们烦恼的一大病因，要想摆脱烦恼，关键是要消除人们患得患失的心理。不管人们的烦恼是得不到还是怕失去，无非都是人们放不下自己的得失心罢了。下面的故事就很好地反映了人们的这种心态。

有一位富翁，他拥有一家世界顶级的豪华饭店。每天上午十一点，富翁都会坐着一辆高级汽车穿过纽约市的中心公园。

在穿过中心公园的时候，富翁发现了一件有趣的事。每天上午都有一位衣衫褴褛的人坐在公园的凳子上死死盯着他开的那家酒店。富翁对这个人产生了极大的兴趣，有一天，他终于按捺不住自己的好奇心，让司机停下车，自己走到那个穷人的面前说："请原谅，我不明白你为什么每天上午都盯着我的酒店看。"

“先生，”那个穷人认真地说，“我没钱、没家、没住宅，只得睡在这条长凳上，不过，每天晚上我都梦到住进了那座酒店，所以每天醒来之后我都会注视着那座豪华酒店，我多么希望自己能够真的住在那里啊，哪怕只有一晚！”

富翁觉得很有趣，于是就对那个人说：“今天晚上我就让你如愿以偿。我为你在酒店订一套最好的房间，并且免费让你住一个月。”

几天后，富翁路过穷人住的酒店套房时，想顺便问一问他是否觉得很满意。然而，他发现那个人早已搬出了酒店，重新回到公园的凳子上了。

富翁来到公园，询问穷人为什么要这样做，穷人回答说：“一旦我睡在凳子上，就能梦见自己睡在那家豪华酒店的套房里，我对它充满了无限遐想；可是，一旦我睡在酒店里，就能梦见自己又回到了冷冰冰的凳子上，这梦真是可怕极了，以致完全影响了我的睡眠！”

对于故事中的穷人来说，舒适的酒店套房与自己的身份并不符合，即使富人答应让他免费住一个月，但由于他的得失心太重，故而非常害怕自己会失去这种奢华的生活，以致每晚战战兢兢、烦恼不堪。而当穷人回到公园的长凳上之后，他便可以不必担心自己会失去酒店套房，烦恼自然也就没了。的确，每个人都或多或少会有这样的心理，当我们得到了自己想要的东西后，因为得失心太重，便开始患得患失，反而不如还未拥有的时候过得快乐。

你是否有过这样的经历：小时候看到别的小朋友有一个漂亮的玻璃娃娃，于是羡慕得不得了，梦想自己也能拥有。父母看透了你的心事，为你买了一个更加漂亮的送给你，你欣喜若狂、爱不释手。可是，很快你就会发现自己变得很不安，因为怕别人或是自己把它打碎，整天小心翼翼、战战兢兢。你发现无论自己将它放在哪里都有摔下来的可能，于是你变得担忧、焦虑，甚至开始恨你手里那个曾经让自己梦寐以求的玻璃娃娃了。

当然，你所想要拥有的并不一定是那个玻璃娃娃，而且肯定是要比它珍贵得多的东西。你是不是整天盼望着得到它，或者你已经得到了，却整天担心会失去它呢？每个人都有自己想要的那个“玻璃娃娃”，可是大多数人都不知道应该如何处置它。而正确对待自己想要得到的和已经得到的事物则是一个人成熟的标志。

总之，过于看重生活中的得失便会让自己变得患得患失，徒增很多烦恼。况且人生无常，得失总在变幻，担心、焦虑不会让现实有任何改变，与其无止境地担心下去，不如及时调整自己的心态，放下得失心，让烦恼随风而逝，这样你的人生才不会那么累。

放下得失心，观生死方能轻得失

死亡对一个人来讲是件大事，是不敢当儿戏的，所以没有人是不畏惧死亡的。因此，当一个人濒临死亡时，他的心理是很复杂的，能做到平静对待的，应该不多。但是，不多并不是没有，无论是面对自己的死亡，还是面对亲人的离去，总有一些人能够看得开。因为，他们知道死亡是人生的自然结局，没有人能免得了。

人一生中最大的事莫过于生死。何谓生死？其实，生死就是得失，得失便是生死，生死就是一个人在得失念头之间的幻灭。对于一个人来说，最大的得莫过于生，只有拥有生命才能拥有感情、名利、财富等；而最大的失则莫过于死，失去了生命就意味着失去了一切。

每个人都喜欢得到，害怕失去，这是人之常情。死和生是人生中最大的得与失。人们喜欢生而害怕死，因为生时可以享受一切荣华富贵，死后就万事皆空了。然而，人生有生必有死，有得必有失，这是不可逆转的自然规律。正所谓“生死有命富贵在天”，说的便是生死的不可控性。既然无法掌握自己的生死，无法操纵生命中的得失，那么我们又何必那么在意得失呢？与其将生死、得失放在心上牵绊自己，使自己疲于奔命，不如放下得失，跳出生死、得失的圈子，解放自己。

人生，犹如梦幻与泡影，亦如朝露与电光，转瞬即逝，其间的一切也仿佛镜花水月、黄粱一梦，看得透的，就能在生命走向终点的时候做到心平气和。

庄子是战国时期伟大的思想家，因为他对人生有着独特的体验和透彻的思考，所以他的哲学思想被后世学者们称为“生命的哲学”。在对待生死的问题上，他跟常人有着巨大的差异。

庄子与妻子相亲相爱，关系十分融洽，二人相濡以沫地过了大半辈子。在他们都进入暮年的时候，庄子的妻子因患重病，先于自己的丈夫死去了。听到这个消息，大家都很悲哀，作为庄子朋友的惠子前往吊唁，并想安慰一下庄子，却发现庄子并没有号啕大哭，相反，他正在若无其事地两脚岔开坐着，一边敲打着盆子，一边咿咿呀呀地唱着歌，脸上毫无悲哀的影子。看到惠子来了，他也不起来迎接，只是面无表情地点了点头，仍然敲盆唱歌。惠子十分诧异，他不能理解为什么庄子没有为妻子之死而悲伤痛哭。惠子无法忍受庄子这么薄情寡义，不由得生起气来。他满脸不高兴地责怪庄子说：“你和你的妻子生活了一辈子，她为你生养子孙，操劳不息，苦了一辈子，直至衰老而亡。可她死后，你不仅不哭，反而还在敲盆唱歌，显得这么高兴，叫大家难以理解，你这样做太过分了？”

庄子听后，停止了敲盆唱歌，平静地对惠子解释道：“我做得并不过分。你知道吗？当我的妻子刚刚断气的时候，我也非常难过，放声大哭了一会儿，可是转念一想，她的逝去未必不是一件好事情。在我看来，她的生命完全和大自然融为一体了，活着的时候，是大自然赋予了她的形体和生机；死的时候，也就像是自然界春夏秋冬的运行一样，回归了大自然。生和死无非是存在的状态不同罢了，现在她终于摆脱了活着时候的辛劳忧烦，像酣然长眠那样静静地安息在天地所构成的巨室广厦之中，什么心都不用操了，这对她来说是多么好的一件事情啊！”

亲人死后，特别是配偶死了，按照一般人的逻辑，非要大哭一番才能表示自己的哀痛。如果有人在亲人逝去的时候不知痛哭，反而在那里唱歌，人们一定会说他是个疯子，但庄子恰恰就是这样一个“疯子”。其实，庄子并不是不悲伤，而是他能理智地对待死亡，知道人死不能复生的道理，所以用唱歌的方式来悼念死者。

对于妻子的死，庄子是“鼓盆而歌”，当他自己面临死亡时，又有何表现呢?

庄子将死之时，他的弟子准备厚葬自己的老师。但是，庄子提出的要求却出乎所有人的意料，他说：“我要用天地来做棺材，用日月星辰来做点缀的双璧和宝珠，用天地万物来做祭品。试问，还有什么比这更有气派，也更隆重的呢?

他的学生听后，悲恸地说：“这样做我们怕你会被乌鸦或是老鹰吞吃了啊！”庄子却回应道：“放在露天，是会被乌鸦、老鹰吃掉。但是，埋在土里，则照样会被蚂蚁吞吃。你们是要把我从乌鸦、老鹰嘴里抢出来给蚂蚁吃，这是多么的偏心啊！”

生老病死是人生的自然规律，人要从新生走向衰老，直至死亡，就像小鸟要唱歌，花儿要开放一样普通而又平常。对于一个有修养的人来说，生不足喜，死不足忧，看破生死，喜忧俱消，看破得失，心方能净，才能摆脱世俗的纷扰，进而做到超然物外。

活着，把握住当下，踏踏实实地学习、工作、生活，这就是生命的全部意义。对此，无须慷慨高歌，也无须怨忧哀叹，只要平平淡淡地过日子，就可以臻至佳境。死亡，只是生命的必然终结。对此，不必畏惧，不必自扰，要有坦然接受的心理准备。

古人大多能正确对待生和死，今天的我们更应该以平和的态度对待生和死。活着的时候就好好珍惜生命，认认真真过好每一天，不要虚度光阴，更不要杞人忧天，整日忧心忡忡，害怕死亡的来临。生命固然值得珍惜，但是这并不是说就要贪生怕死、苟且偷生。

总之，“任得失自由来去，生便生，死便死，我自冷眼看得失，观生死。”这才是做人的根本之道。既然生死都可以置之度外，那么个人的得失还有什么好挂心的呢?

参考文献

[1] 善之. 学会做人做事，学会选择放弃[M]. 北京：群言出版社，2004.

[2] 王琳. 舍得：做人做事的取舍艺术[M]. 北京：中国长安出版社，2007.

[3] 陈荣斌. 成长大于成功，选择重于努力大全集——超值金版[M]. 北京：新世界出版社，2011.